KB196132

궁금한 건 못 참는 어린이 과학 지구

글 해바라기 기획 · 그림 김은경

우주 공간에는 많은 별이 떠 있어요. 별들은 태양을 중심으로 빙글빙글 돌고 있지요. 지구 역시 다른 별과 마찬가지로 태양을 중심으로 돌고 있답니다.

그런데 알고 있나요? 그 많은 별 가운데 오직 지구만이 사람이 살고, 동물이 살고, 식물이 자라고 있다는 것을요. 이 넓은 우주에서 생명이 숨쉴 수 있는 별은 지구밖에 없다니, 어때요, 정말 놀라웁지요? 그러니 우리는 지구를 잘 지켜서 우리 후손에게 물려주어야 한답니다. 그러려면 먼저 지구는 어떤 곳인지 잘 알아야겠지요?

정말 지구는 어떤 곳일까요? 언제 어떻게 생겨났으며, 우리는 언제부터 이곳에 살고 있는 걸까요? 또 어떻게 낮과 밤이 생기고, 계절이 바뀌고, 바람이 부는 걸까요?

산은 어떻게 생기고, 화산은 무엇이며, 지금은 사라진 동물을 알 수 있는 화석은 또 무엇일까요?

이 책은 이러한 지구에 대한 궁금증을 하나하나 풀어 주는 책이에요. 지구의 탄생에서부터 환경오염으로 위태로워진 지금의 지구 모습까지 우리가 꼭 알아야 할 것들을 담았답니다. 어린이 여러분의 눈높이에 맞춰 쉽고 간단하게 풀어썼으므로, 누구나 재미있게 읽을 수 있을 거예요. 궁금한 것부터 하나하나 읽다 보면 어린이 여러분은 누구보다도 지구를 사랑하고 아끼는 어린이가 되어 있을 거예요.

자, 그럼 지금부터 아름다운 별
지구를 만나러 출발해 볼까요?

차례

1. 아름다운 별, 지구!

2. 비밀이 많은 신비한 돌!

3. 뜨거운 화산, 들썩들썩 지진!

4. 재주 부리는 지구, 자연 현상!

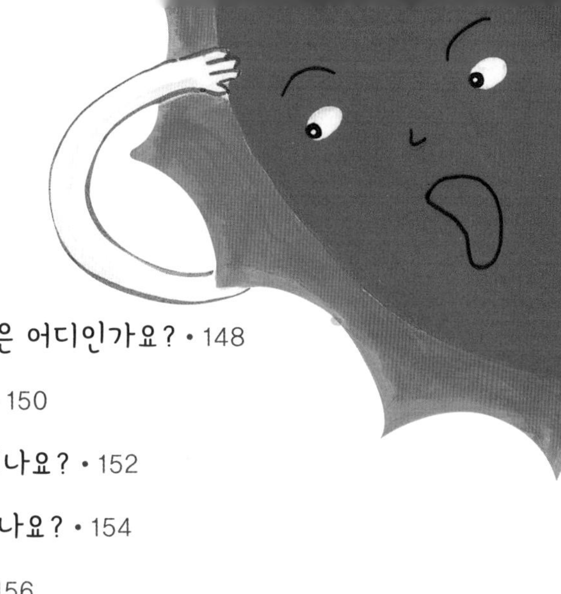

경도
대기
중력
적도
위도
산은 어떻게 만들어질까요?
?

1 아름다운 별,
지구!
지구는 언제, 어떻게 생겼을까요?
지구를 이루고 있는 것은 무엇일까요?
지구에 대한 기본적인 궁금증을
풀어 보아요!
지구의 내부 구조
내핵
외핵
맨틀
지각

이 지구는 어떻게 생겨났나요?

지구가 어떻게 생겨났는지 아직 정확하게 알지 못해요. 그저 “이렇게 해서 생겨난 게 아닐까?” 하고 추측을 할 뿐이에요. 그 가운데 많은 과학자들이 생각하고 있는 것은 가스와 먼지가 굳어서 생겼을 거라는 거예요. 태양 근처에 있던 가스덩어리와 우주 먼지가 엉겨 붙어 차게 식은 뒤 점점 먼지가 붙어 지금과 같은 커다란 지구가 되었을 거라고 생각하는 것이지요.
아직까지는 다들 이 생각이 맞을 거라고 여기고 있어요.

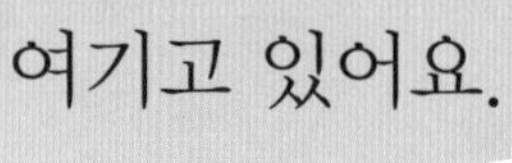

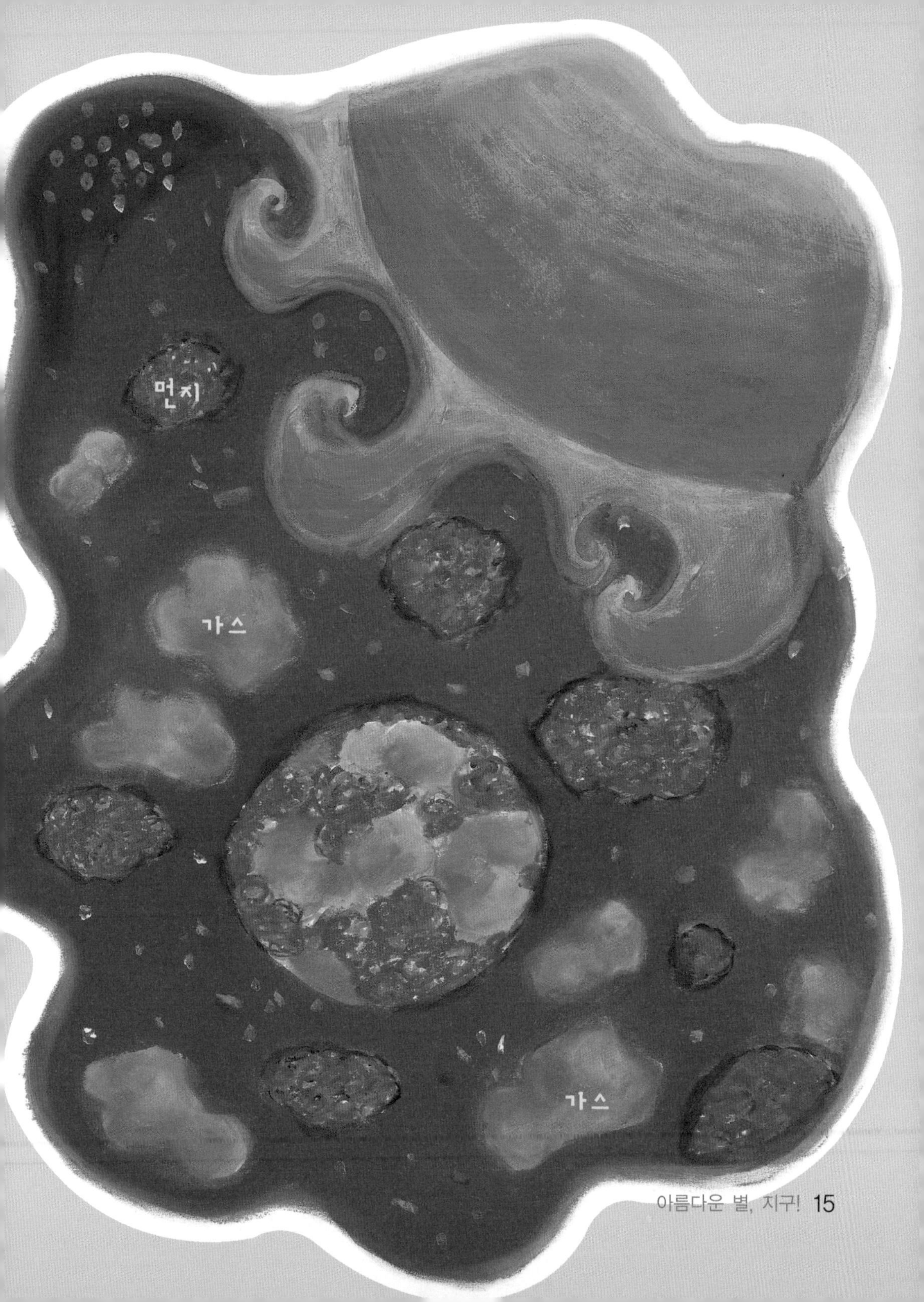
먼지
가스
가스

02 지구는 몇 살인가요?

지구가 언제 생겨났는지 정확히 알지는 못해요. 그래서 지구의 나이를 어림짐작 해 보는 수밖에 없답니다. 과학자들은 지구 나이가 약 46억 년쯤 되었을 거라고 생각해요.

왜 그렇게 생각하느냐고요? 과학자들은 우주에 여러 별이 생길 때 지구도 함께 생겼을 거라고 생각하고 있어요. 그래서 돌이 생겨났을 때 지구도 생겼을 거라고 생각한답니다. 그리하여 달에서 가져온 돌과 깊은 바다 속에 있는 돌을 분석해 보았더니 모두 생긴 지 약 46억 년 된 것이었어요. 그래서 지구의 나이도 약 46억 년 되었다고 생각한답니다.

03 지구의 속은 어떻게 생겼나요?

5000도

지구는 바깥 부분부터
지각, 맨틀, 외핵, 내핵의
순서로 이루어져 있어요.
지구의 가장 중심인 내핵은
엄청나게 뜨거운 고체
상태예요.
그 다음 층인 외핵은
죽과 같은 액체 상태예요.
내핵과 외핵을 이루고
있는 것은 철과 니켈이에요.
내핵 다음에는 맨틀이 둘러싸고 있는데
지구 부피의 거의 대부분을 이루고 있어요.

지각 맨틀 외핵 내핵

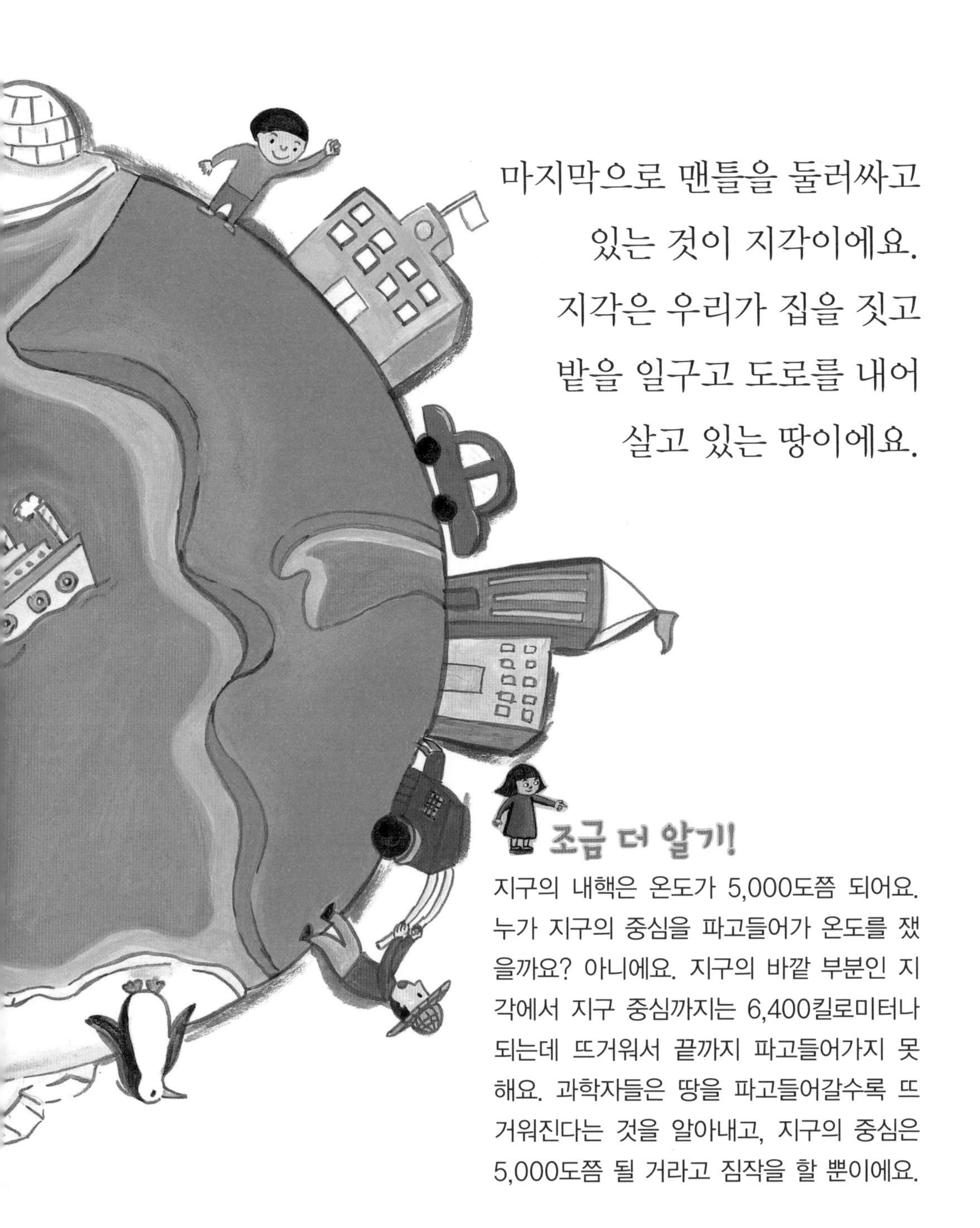

마지막으로 맨틀을 둘러싸고 있는 것이 지각이에요. 지각은 우리가 집을 짓고 밭을 일구고 도로를 내어 살고 있는 땅이에요.

조금 더 알기!

지구의 내핵은 온도가 5,000도쯤 되어요. 누가 지구의 중심을 파고들어가 온도를 쟀을까요? 아니에요. 지구의 바깥 부분인 지각에서 지구 중심까지는 6,400킬로미터나 되는데 뜨거워서 끝까지 파고들어가지 못해요. 과학자들은 땅을 파고들어갈수록 뜨거워진다는 것을 알아내고, 지구의 중심은 5,000도쯤 될 거라고 짐작을 할 뿐이에요.

04 지구의 크기는 얼마만 한가요?

지구의 크기는 인공위성으로 재면 알 수 있어요.
둘레는 약 4만 킬로미터이고,
반지름은 약 6,400킬로미터랍니다.
그런데 지구는 축구공처럼 완전히 동그란 모양이 아니고, 지구를 가로로 반 그은 적도 부근이 볼록한 타원형이랍니다. 그렇기 때문에 지구의 둘레와 반지름이 일정하지 않아요. 지구의 반지름을 적도에서 재면 약 6,380킬로미터이지만, 극에서 재면 약 6,360킬로미터랍니다.

05 지구의 무게는 얼마인가요?

지구를 번쩍 들어 올려 무게를 잴 수 있는 저울이 있을까요? 없어요. 그렇다고 실망하지 마세요. 지구의 무게를 알 수 있는 방법이 있답니다. 지구의 맨 위층인 지각과 그 다음 부분인 맨틀, 그리고 그 다음 부분인 외핵과 내핵의 무게를 따로따로 계산하여 합하면 된답니다.

여러분, 놀라지 마세요. 이렇게 재어 보니 지구의 무게는 무려 6조 톤의 1억 배랍니다. 상상도 할 수 없는 어마어마한 무게이지요?

06 지구는 어떤 모양이에요?

지구는 둥근 모양이에요. 하지만 완전히 둥글지는 않고 적도 부근이 약간 볼록한 타원 모양이에요.

지구가 둥글다는 증거는 여러 가지가 있어요. 먼저 바다에서 항구를 떠난 배는 점점 가라앉는 것처럼 보여요. 지구가 편평하다면 배의 크기만 달라질 뿐 전체가 다 보이거든요. 또 개기 월식 때 비친 지구의 그림자를 보면 모양이 둥글어요. 한 가지 더, 지구가 둥글기 때문에 한 방향으로 계속 가면 처음 출발했던 곳으로 되돌아온답니다.

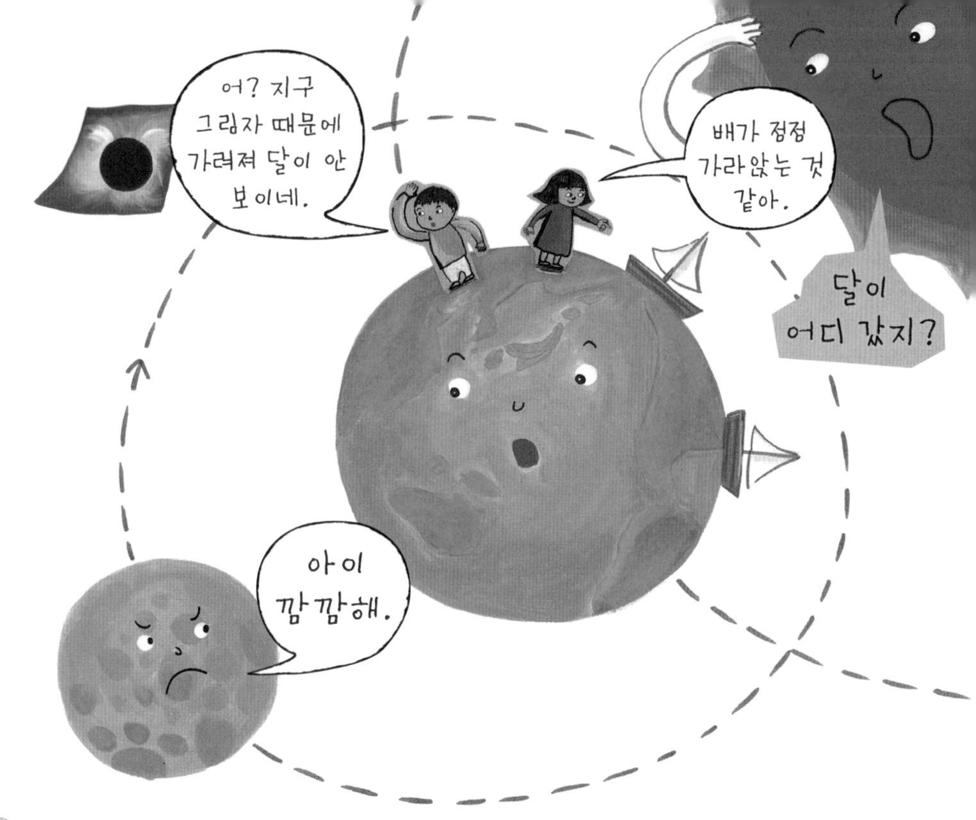

조금 더 알기!

지구는 태양 주위를 돌고 있고, 달은 지구 주위를 돌고 있어요. 그런데 어느 순간 지구가 태양과 달 사이에 들어가는 날이 있어요. 그러면 달은 지구의 그림자 안으로 들어가게 되는데, 이것을 월식이라고 해요. 달이 지구의 그림자 안에 전부 들어가면 개기 월식, 일부분만 들어가면 부분 월식이라고 해요.

07 지구는 우주에 떠 있는 거라고요?

지구는 우주 공간에 덩그러니 떠 있어요.
우주에 떠서는 한시도 쉬지 않고 태양 주위를
빙빙 돌고 있지요. 아래로 떨어지지 않고
우주 공간에 떠서 돈다니 신기하지요? 태양은 아주
강한 중력으로 지구를 끌어당기고 있어요. 하지만
지구는 매우 빠르게 태양 주위를 돌기 때문에 태양
으로부터 튕겨 나가려는 원심력을 가지고 있답니다.
한마디로 태양이 지구를 끌어당기는 힘과 지구가
태양으로부터 떨어져 나가려는 힘이 서로 팽팽하게
맞서고 있는 거지요. 그러다 보니 지구가 태양 쪽으로
확 끌려가지도 않고, 지구가 태양으로부터 멀어지지도
않고 우주 공간에 떠 있을 수 있는 거랍니다.

조금 더 알기!

태양이 지구를 중력으로 끌어당기고 있다고 했지요? 중력이란, 물체가 서로 끌어당기는 힘을 말한답니다.

08 지구는 커다란 자석이라고요?

지구가 하나의 커다란 자석이란 것은 나침반이 증명해 주어요. 방위를 알려 주는 나침반을 수평으로 놓으면 지구 위 어느 곳에서든 바늘이 남과 북을 가리키거든요. 이것은 지구가 자석처럼 전기가 흐르고 있다는 것을 말해 주는 거예요. 전기는 지구의 외핵에서 만들어져요. 외핵에는 철이 녹아 있다고 했지요? 지구가 움직이면 녹아 있는 철도 움직이는데 이때 전기가 만들어진답니다.

지구가 커다란 자석이라는 것은 영국의 엘리자베스 1세 때 윌리엄 길버트가 발견했어요. 길버트는 복각계라는 자석이 끌리는 방향을 알 수 있는 기계를 만들어서 지구가 하나의 커다란 자석이라는 것을 알아냈어요.

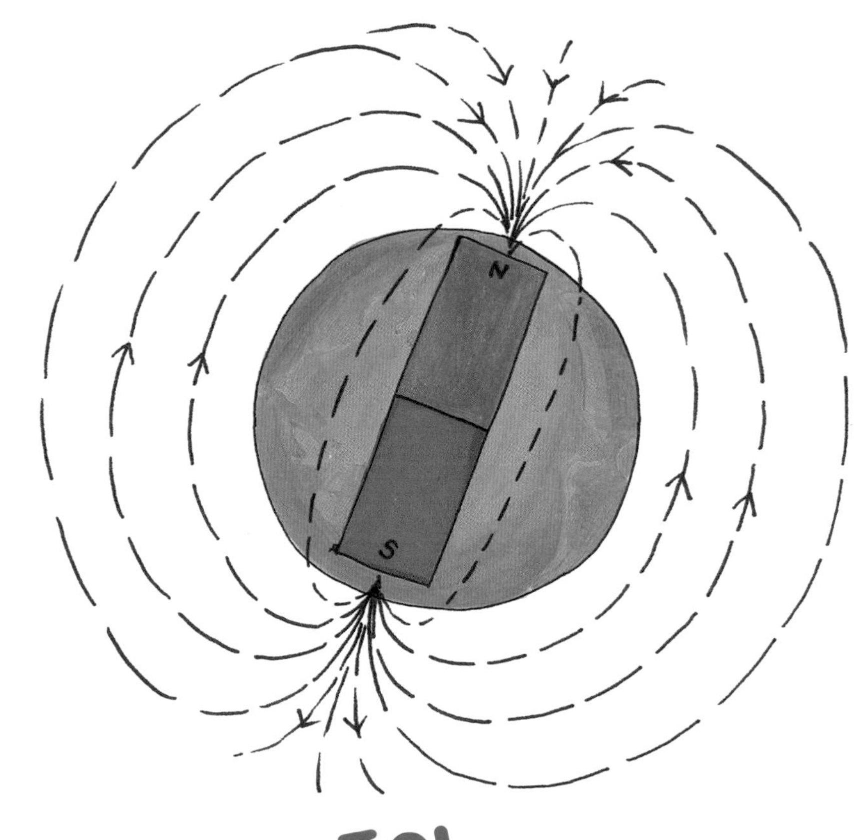
N
S

북쪽이
저쪽이구나~

09 지구에 생명체가 살기 시작한 것은 언제부터인가요?

46억 년 전 지구가 생기고, 얼마의 시간이 흐른
38억 년 전 바다가 생겼어요. 바다는 서서히
생명체가 생길 수 있는 환경이 만들어졌답니다.
처음에는 산소가 적어도 살 수 있는 세균이
생겨났어요. 그 뒤 녹색 식물이 생겨났는데,
녹색 식물은 햇빛이 나는 낮이면 이산화탄소를
흡수하고 산소를 내뿜는 일을 했어요.
그러자 지구에는 산소가 많아지기 시작했답니다.
그러자 점점 복잡한 구조를 가진 생명체가 생기기
시작했어요. 물에서 사는 물고기인 어류, 물속과
땅 위 양쪽에서 살 수 있는 양서류, 뱀과 같은 파충류,
하늘을 나는 조류, 새끼를 낳아 젖을 먹여 키우는

포유류 등으로
진화를 하여 지금과 같은
지구가 만들어졌어요.

4억 3000만 년 전

3억 년 전

10 지구에 사람이 살기 시작한 것은 언제부터인가요?

지구에 사람이 살기 시작한 것은
지금으로부터 약 300만 년 전이에요.
장소는 남아프리카이고요.
최초의 사람들은 온몸이 털로 뒤덮여 있었고
머리도 작았지만, 두 발로 서서 걸었으며,
두 팔을 이용해서 도구를 만들어 사용했어요.
이들의 특징 가운데 두 다리로 서서 걷고,
팔을 이용해서 도구를 만들어 쓸 줄 알았다는 것은
중요한 점이에요. 그것은 사람과 동물을 구분하는
뚜렷한 차이이니까요. 이들 최초의 사람들은
'남방의 원숭이' 라는 뜻으로
'오스트랄로피테쿠스' 라고 해요.

오스트랄로피테쿠스는 지금의 우리들 모습과는 많이 다르지요? 사람은 오스트랄로피테쿠스 이후 조금씩 진화를 해서 지금의 모습이 되었답니다. 오스트랄로피테쿠스에서 호모 에렉투스를 거쳐 호모 사피엔스 시기를 지나 호모 사피엔스 사피엔스로 진화되었지요. 호모 사피엔스 사피엔스가 지금의 우리들 모습이랍니다.

지구가 둥근데 왜 우리는 떨어지지 않나요?

동그란 공 위에 무엇이든 올려놓아 보세요.
제대로 올려지나요? 떨어져 버리지요?
그런데 우리 사람들은 어떻게 둥근 지구 위에서
떨어지지 않고 살 수 있을까요? 사람뿐만 아니라
물건들은 또 어떻게 제자리에 붙어 있는 걸까요?
그것은 중력 때문이에요. 지구의 중심에서 나오는
아주 강한 힘이 사람도, 물건도, 바다도 모두
지구 중심으로 끌어당기기 때문에 지구 위에
꼭 붙어서 떨어지지 않는 거랍니다.
지구, 알면 알수록 참 신기하지요?

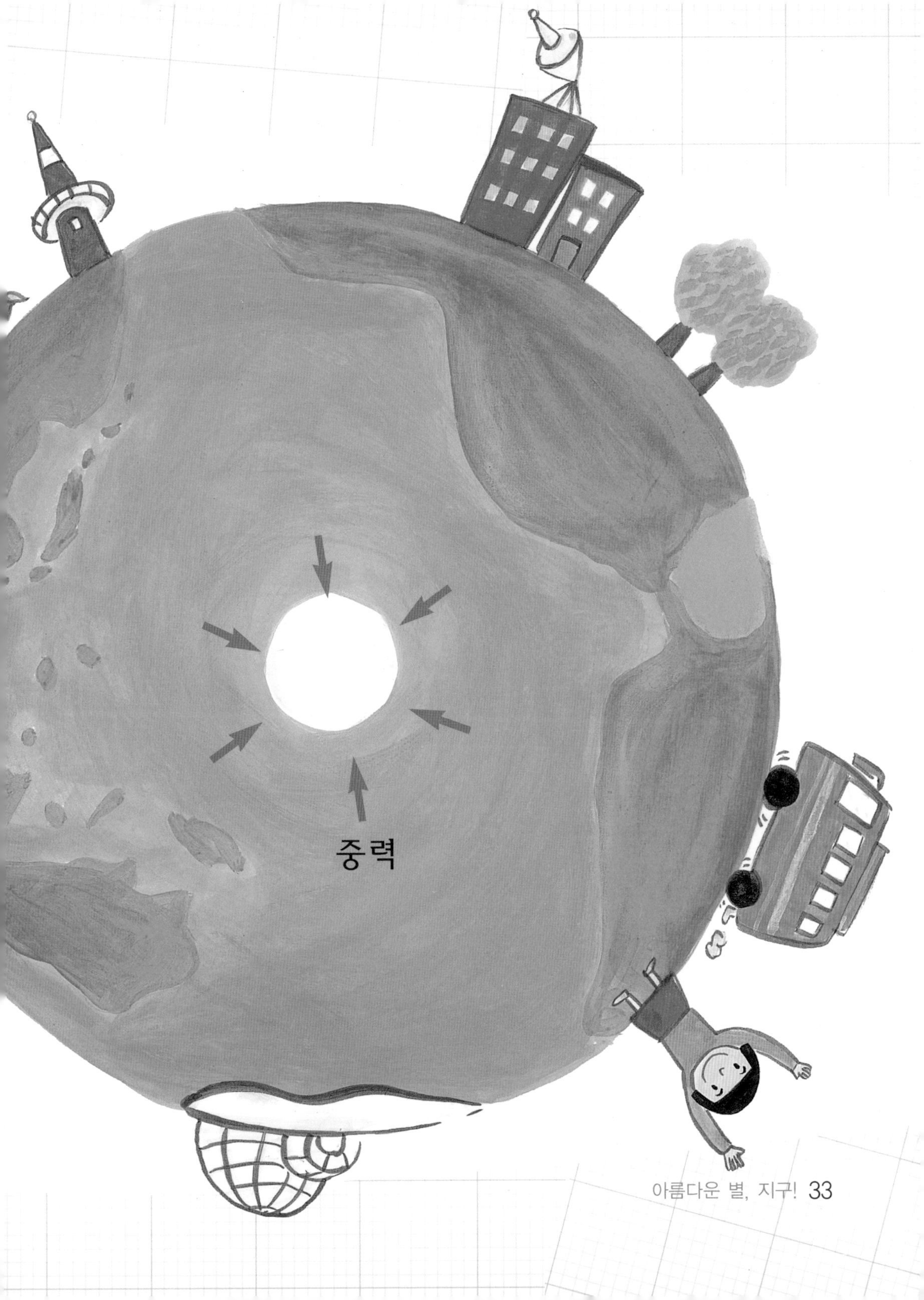
중력

12 산은 어떻게 생겨났나요?

지구가 생기고 나서 여기저기서 아주 엄청난 화산 폭발이 일어났어요. 화산 폭발로 땅속에 있던 뜨거운 용암이 힘차게 솟아올랐지요. 그 뒤 화산 폭발이 멈추고 갈라지고 구부러진 땅이 식어 산이 되었어요. 그리고 지구의 맨 바깥 부분인 지각은 커다란 암석 판들로 이루어져 있는데, 이 판들이 서로 부딪쳐 밀면서 힘이 약한 판이 위로 불룩 솟아올랐어요. 또 어떤 판은 다른 판 밑에 들어가 눌리면서 지각이 계단처럼 어긋나 버렸고요. 이렇게 지각이 솟아오르고 어긋난 것들이 바로 산이랍니다.

화산

습곡으로 만들어진 산

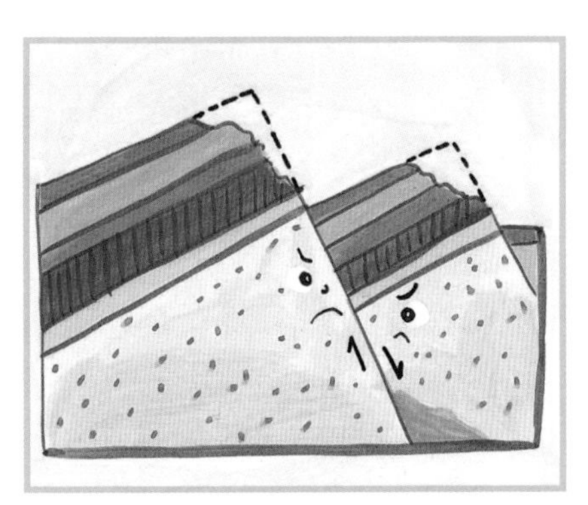
단층으로 만들어진 산

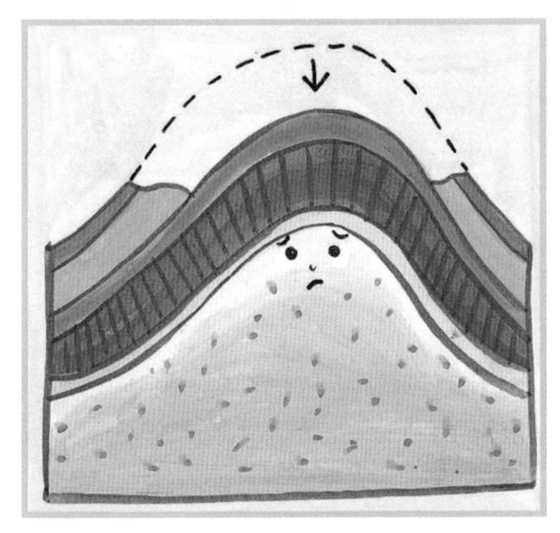
돔 모양의 산

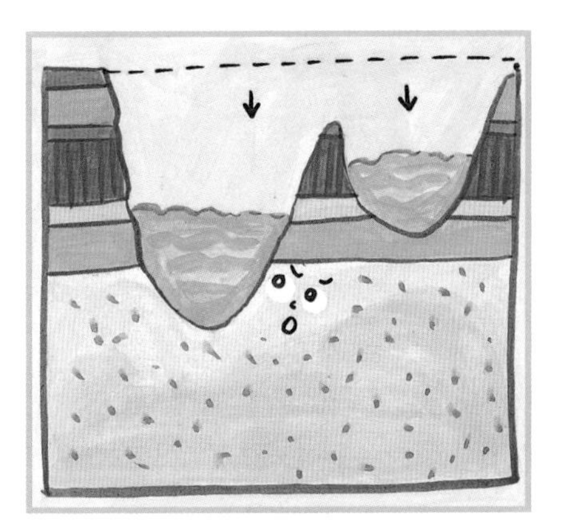
침식으로 만들어진 산
(강이나 바다)

조금 더 알기!

세계에서 가장 높은 산인 에베레스트 산은 까마득한 옛날에는 바다 속에 잠겨 있었어요. 또 히말라야 산맥과 티베트 산맥도 바다에 잠겨 있었어요. 그런데 아주 오래전부터 서서히 땅 위로 솟아오르기 시작하여 지금과 같은 험준한 모습의 산맥이 되었답니다.

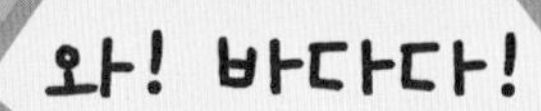

13 강물은 어떻게 흘러가나요?

물은 언제나 높은 곳에서
낮은 곳으로 흘러가요.
아무리 힘센 물결이라고 해도 낮은 곳에서
높은 곳으로 거꾸로 흐르지는 못한답니다.
이것은 지구의 중력 때문이에요.
지구가 지구 중심 쪽으로 강물을 끌어당기기
때문에 아래로 흐르는 것이지요.

강이 넓으면 천천히,
땅이 높고 낮은 정도가 큰 곳에서는 빠르게 흘러
바다로 들어간답니다.

강어귀

삼각주

바다

14 대기란 무엇인가요?

지구는 우주 공간에 떠 있어요. 우주는 우리가 숨을 쉴 때 필요한 공기가 없는 곳이에요. 그런데 우리는 어떻게 숨을 쉴 수 있을까요? 그것은 지구에 대기라는 고마운 존재가 있기 때문이에요.

대기는 지구를 빙 둘러싸고 있는 공기랍니다.

대기 덕분에 사람도, 동물도, 식물도 숨을 쉬고 살 수 있는 거지요. 또한 대기는 두꺼운 층을 이루고 있기 때문에 강한 태양 빛으로부터 우리를 보호해 주기도 한답니다.

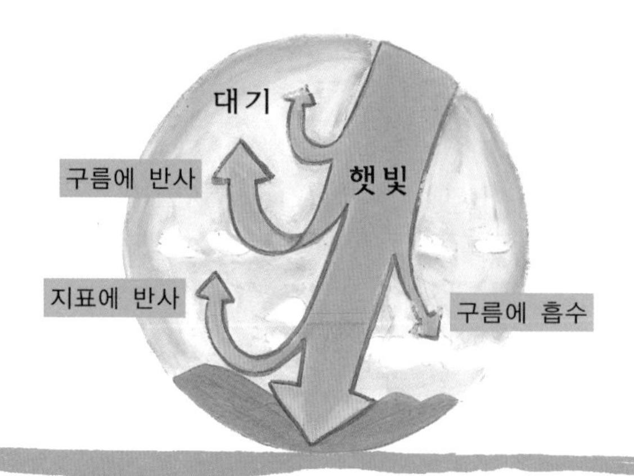

이렇게 고마운 대기가
우주로 날아가 버리면 어쩌지요?
안심하세요. 지구의 중력이 대기가 우주로 날아가지
못하도록 꽉 끌어당기고 있으니까요.

대기는 우리 눈에 보이지 않고 냄새도 색깔도 맛도 없어요. 대부분 질소(78퍼센트)와 산소(21퍼센트)로 이루어져 있고, 아주 적은 양의 수소, 이산화탄소, 메탄 등이 들어 있어요.

15 적도가 뭐예요?

지구는 매일 스스로 조금씩 돌아요. 한 바퀴 다 도는 데 하루가 걸리지요. 지구가 돌 때 팽이처럼 가운데 축을 중심으로 도는데 이 축을 지축이라고 해요. 지축은 지구에 막대기 같은 긴 축이 들어 있는 것이 아니라, 지구를 북극과 남극을 꿰뚫었을 때 중심이라고 생각하면 돼요.
지축과 달리 적도는 지구의 한가운데를 가로로 나누는 선이에요. 적도를 중심으로 위쪽은 북반구, 아래쪽은 남반구라고 하지요. 이 선 역시 지구에 그어져 있는 것이 아니고 과학자들이 지구를 연구하면서 만든 이름이에요.

나랑 같은 원리구나.
나는 한 바퀴 도는 데 꼬박 하루가 걸린단다.
북극
적도
남극
지축
그렇구나.
파란선이 바로 적도란다!

16 위도와 경도는 무엇인가요?

위도와 경도는 지구본이나 지도에 그어진
선을 말해요. 세로로 그어진 선은 경도,
가로로 그어진 선은 위도예요.
이렇게 선을 그어 놓으면 지구 위의
어느 곳의 위치를 정확히 나타낼 수 있어요.
위도는 적도가 0도이고, 남극과 북극은 90도예요.
적도를 중심으로 남반구 북반구로 나뉘므로,
위도는 북위 0~90도, 남위 0~90도까지 있어요.
경도는 영국의 그리니치 천문대를 0도로 해서
360도까지 있답니다.

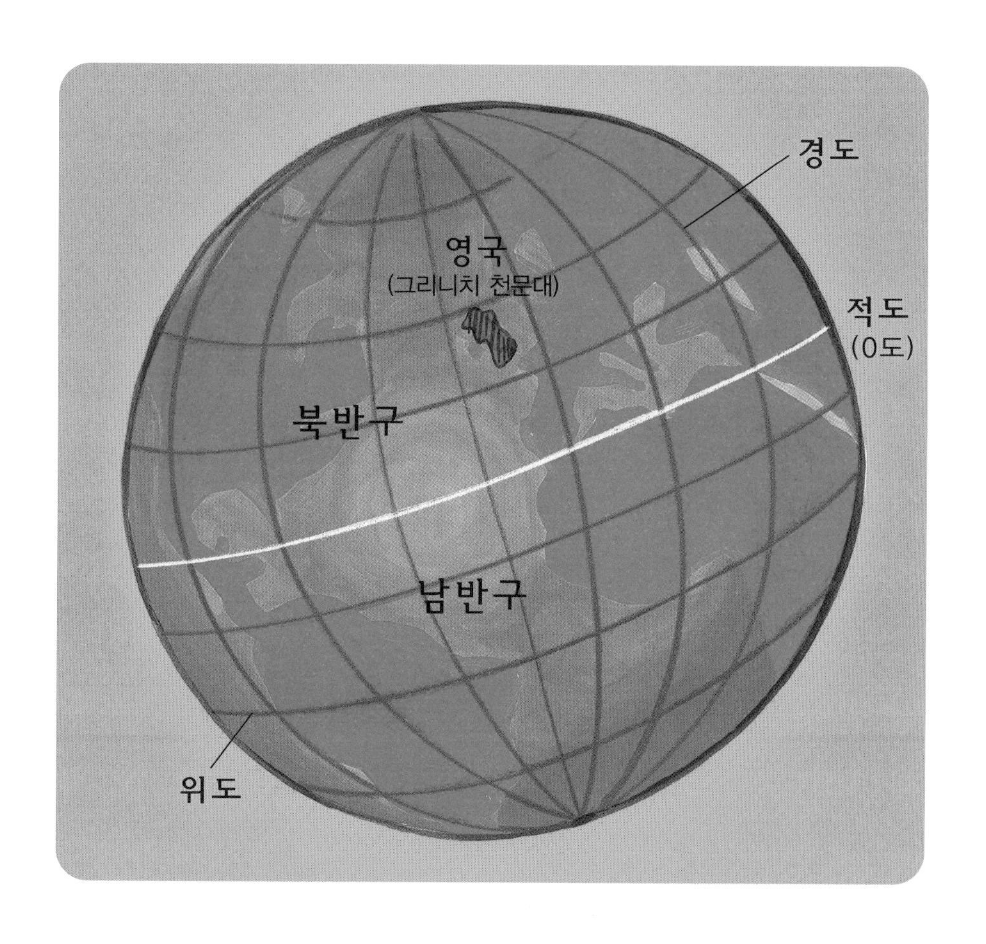

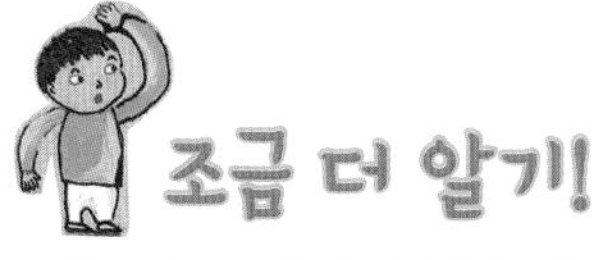

영국의 그리니치 천문대를 지나는 경도는 세계의 시각을 나타내는 기준이 되는 선이에요. 이 선을 '본초 자오선'이라고 해요. 세계 시각은 경도가 15도씩 바뀔 때마다 1시간씩 달라져요.

17 대륙은 처음부터 나뉘어져 있었나요?

대륙이란 아주 넓은 땅덩어리를 말해요.
우리가 아프리카, 아시아 등으로 부르는 땅덩어리를 가리키는 거예요. 이 땅덩어리들은 지금은 바다를 사이에 두고 떨어져 있지만 지구가 생겨나고 한참 동안 이들은 하나의 대륙이었어요. 그러다가 땅 밑에 있는 맨틀이 움직이면서 맨틀 위에 있는 땅덩어리들도 따라서 움직이게 되었어요. 그리하여 약 6500만 년 전 대륙은 지금과 같이 나누어지게 되었답니다.

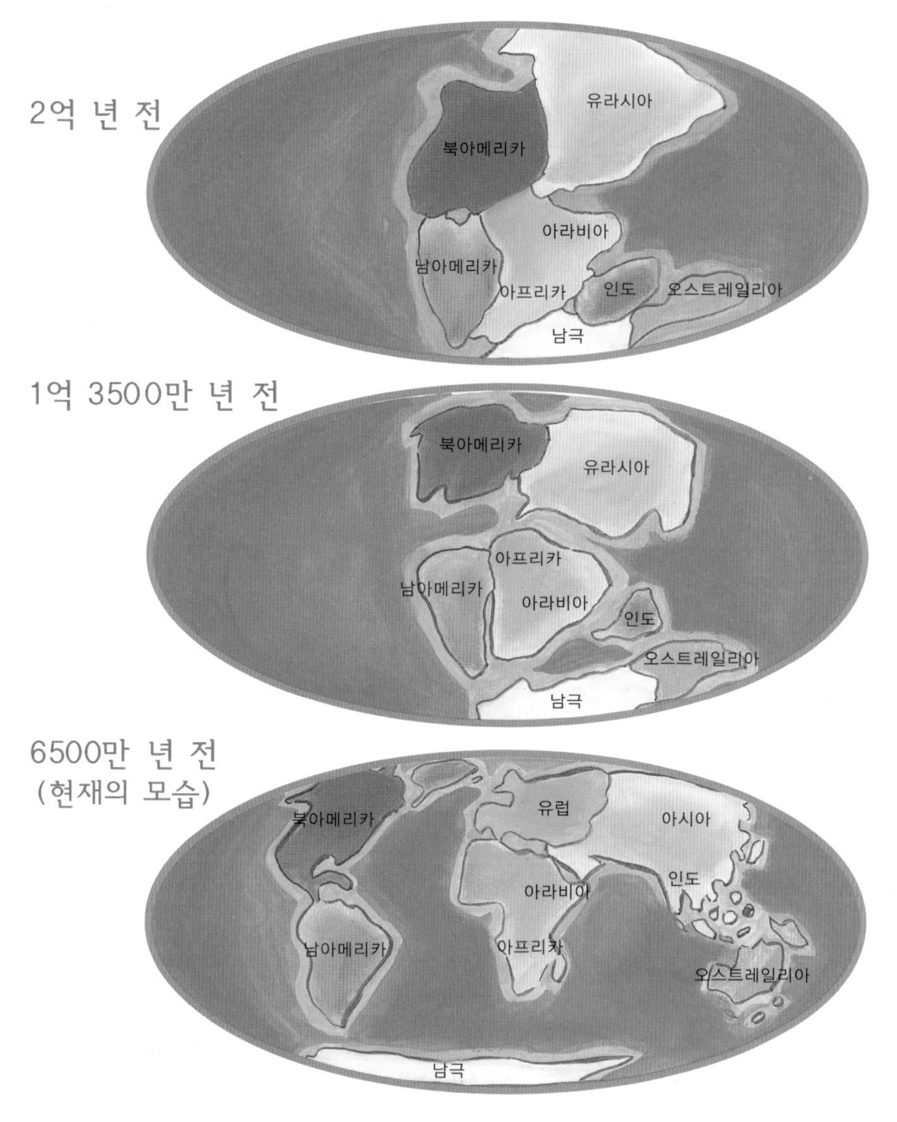

그럼, 이제 더 이상 움직이지 않을까요?

아니에요. 대륙은 지금도 아주 조금씩 움직이고 있답니다.

18 지구에는 몇 개의 대륙이 있나요?

지금 지구에는 일곱 개의 대륙이 있어요. 아시아, 유럽, 아프리카, 남아메리카, 북아메리카, 오세아니아, 남극 등이지요. 대부분 적도를 중심으로 위쪽인 북반구에 있어요. 그러면 지구를 둘러싸고 있는 큰 바다는 몇 개일까요? 태평양, 대서양, 인도양, 남극해, 북극해 이렇게 다섯 개예요.

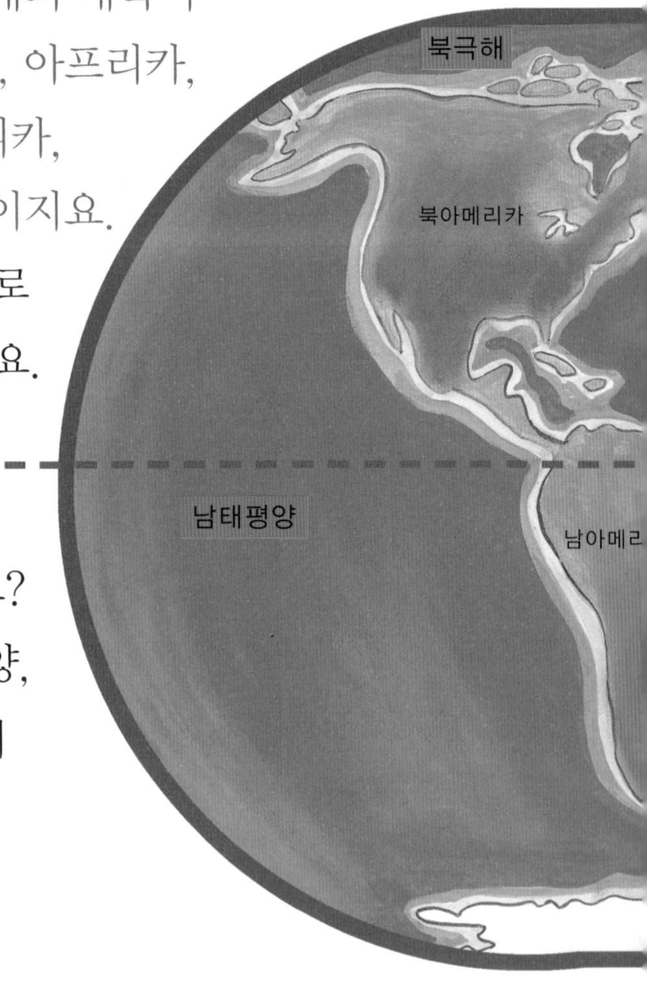

북극해
북아메리카
남태평양
남아메리

바다는 대륙보다 개수는 적지만,
지구의 3분의 2 이상이 바다일 정도로 지구의 많은
부분을 차지하고 있답니다.

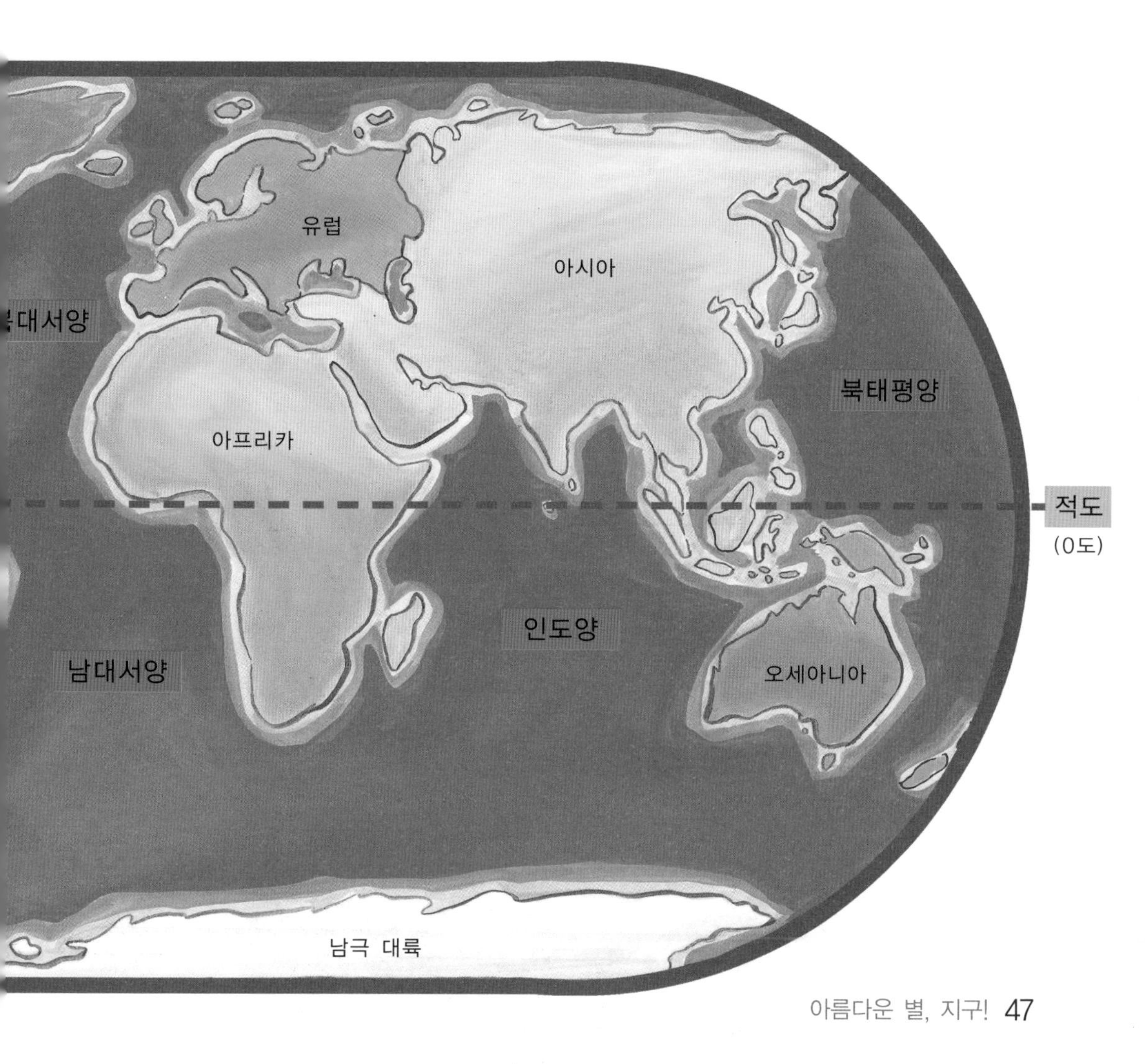

19

지구에서 가장 넓은 바다는 어디인가요?

바다 가운데 가장 넓은 바다는 태평양이에요.
면적이 무려 1억 6,524만 제곱킬로미터나 되지요.
동쪽에서 서쪽까지는 약 1만 6,000킬로미터이고,
물속 깊이는 4,282미터나 된답니다.
동쪽은 남 · 북아메리카 대륙, 서쪽은 동아시아,
인도네시아, 오스트레일리아, 남쪽은 남극,
북쪽은 북극까지 둘러싸고 있어요. 처음 발견한
사람은 에스파냐의 탐험가 발보아랍니다.

1만 6,000킬로미터
4,282미터

20 지구에서 가장 큰 사막은 어디인가요?

사막은 모래나 자갈로 이루어진 땅으로
비도 아주 적게 내려 식물이 자라기 힘든 곳이에요.
지구에서 가장 큰 사막은 아프리카 대륙
북부에 있는 사하라 사막이에요. 세계에서 가장 넓고
가장 건조한 곳이지요. 동서로는 이집트의
나일 강에서 대서양 연안까지, 남북으로는 지중해와
아틀라스 산맥에서 나이저 강까지 펼쳐진답니다.

조금 더 알기!

오아시스를 아시나요? 오아시스는 사막에 있는 낮은 웅덩이에 지하수가 솟아나와 물이 괴어 있는 곳이에요. 사하라 사막과 같은 건조한 지역에서는 오아시스가 있는 곳에 사람들이 모여 살고 있어요. 사막을 건너는 사람에게 오아시스는 타는 목을 축일 수 있는 반가운 곳이에요.

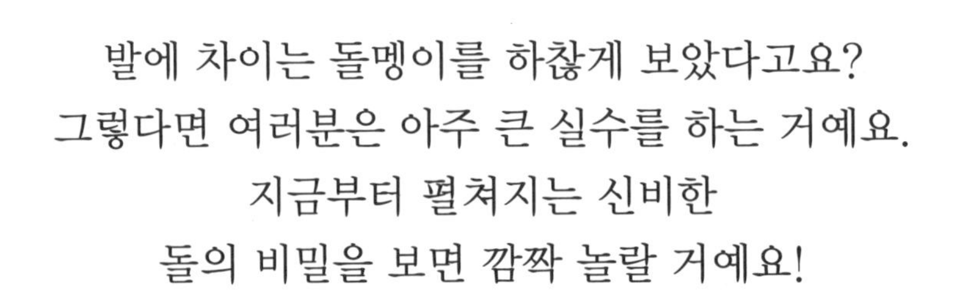

발에 차이는 돌멩이를 하찮게 보았다고요?
그렇다면 여러분은 아주 큰 실수를 하는 거예요.
지금부터 펼쳐지는 신비한
돌의 비밀을 보면 깜짝 놀랄 거예요!

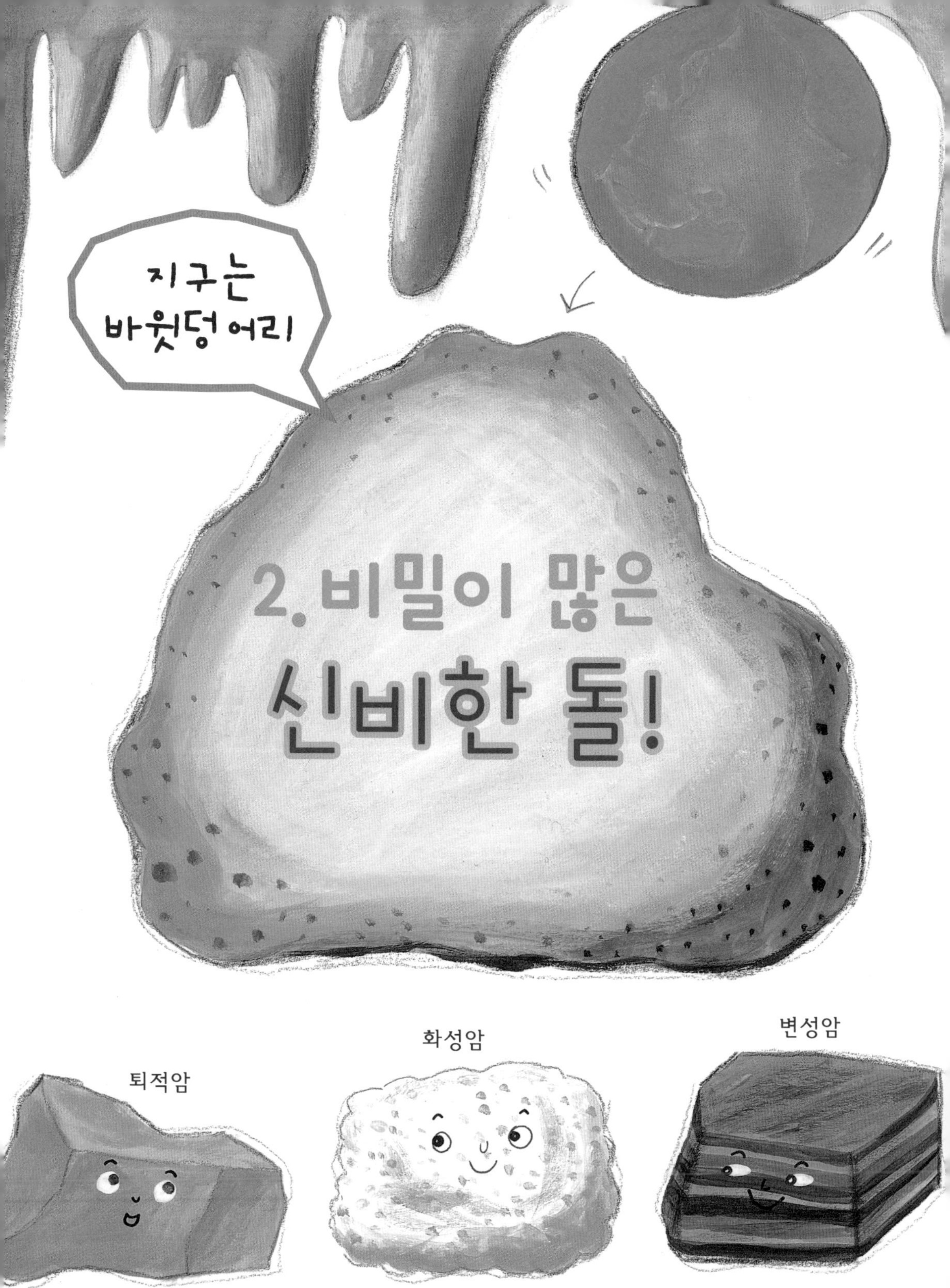
지구는
바윗덩어리
2. 비밀이 많은
신비한 돌!
퇴적암
화성암
변성암

21 화석이 뭐예요?

화석은 아주 오래전에 식물의 줄기나 나무껍질, 동물의 뼈, 발자국 등이 땅에 묻혀서 돌처럼 굳어진 거예요. 화석은 옛날에 살았던 동식물의 생활 모습과 환경을 아는 데 큰 도움을 주어요. 만약 산호 화석이 발견된 곳이 있다면 그곳은 깊이가 얕고 따뜻한 바다였음을 알 수 있어요. 왜냐하면 산호는 수심이 얕고 따뜻하며, 잔잔한 바다에서만 살기 때문이지요. 또 어떤 곳에서 고사리 화석이 발견되었다면, 그곳은 그 당시 기온이 따뜻하고 습기가 많은 곳이었다는 것을 짐작할 수 있어요.

곤충이 들어 있는 호박

산호와 똑같은 산호 화석을 찾아 줄을 그어 보세요.

조금 더 알기!

호박은 과학자들에게 고마운 화석이에요. 호박은 까마득하게 먼 옛날 소나무에서 흘러내린 송진이 땅속에 묻혀서 굳어진 것이랍니다. 호박은 진득진득한 송진이 식물이나 곤충을 덮어 버린 뒤 땅에 묻혔기에 화석의 모양이 잘 보존되어 있어요.

22 화석은 어떻게 만들어지나요?

동물이 죽어 땅에 묻히면 그 시체 위에 돌 조각이나 진흙, 모래 등이 밀려와 쌓이고 쌓여 돌처럼 굳어져요. 오랜 세월 동안 계속해서 진흙과 모래 등이 와서 쌓이면 죽은 동물은 죽었을 때의 모습 그대로 돌 속에 단단히 박히게 되지요. 이것이 바로 화석이랍니다. 그런데 화석이 되기 위해서는 동물이 죽은 뒤 급속히 흙에 묻혀야 해요.

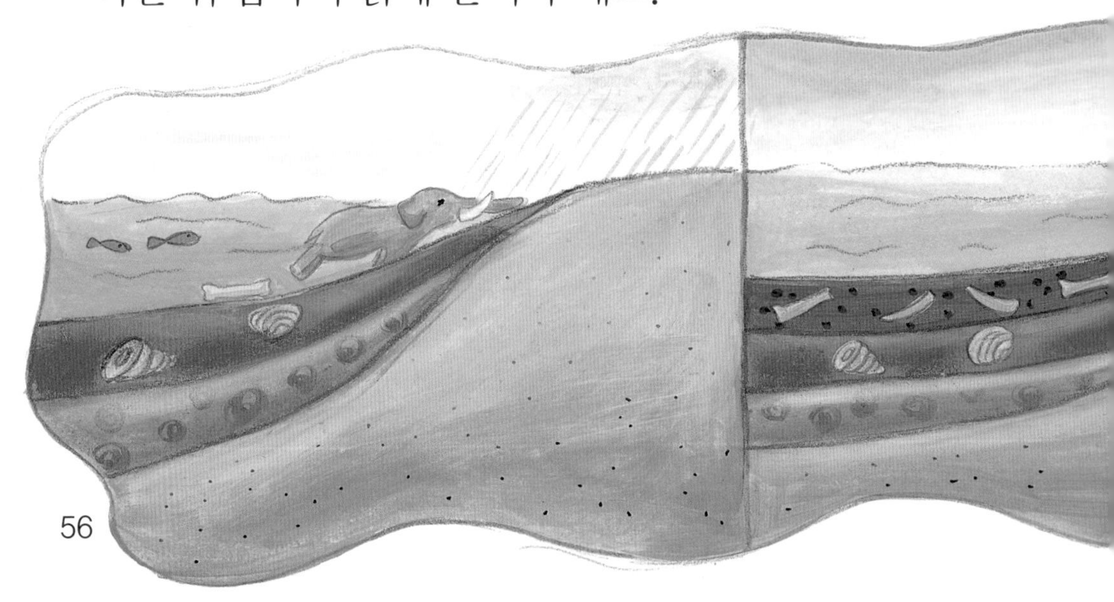

공기와 세균을 만나면 시체가 썩기 시작하거든요. 동물의 시체가 썩지 않고 화석이 되려면 동물은 딱딱한 부분인 뼈나 이빨, 식물은 줄기나 껍질 등을 가지고 있어야 해요.

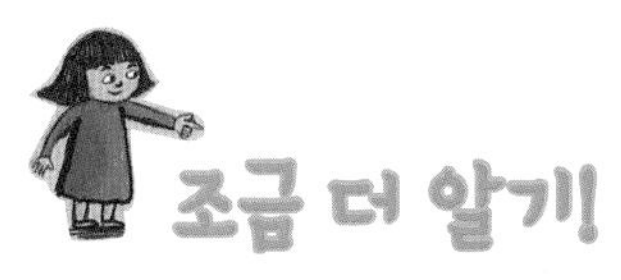

화석은 돌이 아닌 얼음 속에서도 발견된답니다. 얼음 속에 들어 있는 동물의 시체는 공기나 세균을 만나지 않아 썩지 않고 그대로 화석이 되거든요. 알래스카에서는 얼음 속에서 죽은 메머드 화석이 많이 발견되어 지금은 사라진 메머드 연구에 도움을 주고 있답니다.

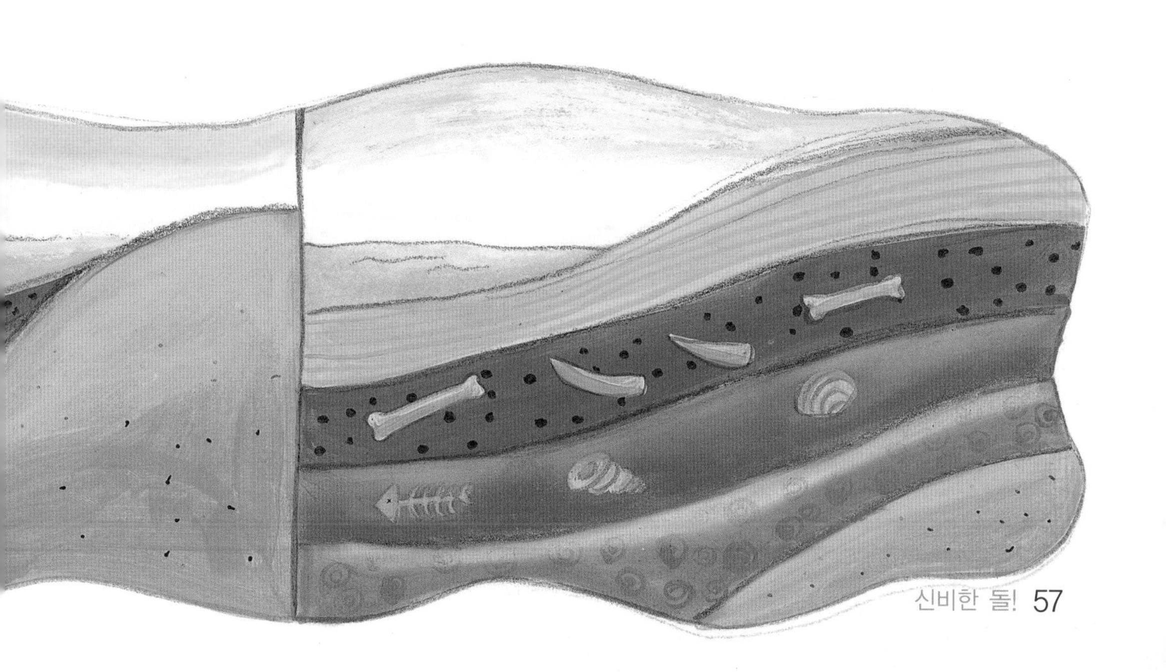

23 화석도 종류가 있나요?

화석은 시상 화석과 표준 화석 두 종류가 있어요.
산에서 산호나 조개 화석이 발견되었다면
오래전 그곳은 바다였다는 것을 알 수 있어요.
이처럼 화석을 통해 당시의 지형이나 기후 등 환경을
알 수 있는 화석을 시상 화석이라고 해요.

시상 화석

이와 달리 지구의 여러 곳에서 살았지만 중생대에만 살았던 공룡 화석을 통해 그 화석이 만들어진 시대를 알 수 있는 화석을 표준 화석이라고 해요.

조금 더 알기!

화석이 땅속 아랫부분에도 있고, 그 윗부분에도 있다면 어느 것이 더 오래된 화석일까요? 바로 아랫부분의 화석이에요. 아랫부분과 윗부분의 화석을 비교하면 생물이 어떻게 진화되어 왔는지 알 수 있어요.

표준 화석

24 석유는 화석 연료라고요?

석유는 자동차를 움직이고, 공장을 움직이고,
기계를 움직이고, 추운 실내를 따뜻하게 덥히는 데
없어서는 안 되는 연료예요. 그런데 석유는
어떻게 만들어졌을까요?
아주 오래전 바다에 살던 생물들이 죽어 가라앉자
그 위에 진흙이 쌓였어요. 또 바다 생물이 죽자
그 위에 흙이 쌓였고, 이러한 일이 여러 번
되풀이되었어요. 그러자 땅은 단단한 층을
이루었어요. 그러고는 어느 순간 강한 압력과
땅속의 열을 받아 석유로 변하였어요.
땅속에 들어 있는 석유는 언제까지나 캐내어
쓸 수 없어요. 지금처럼 쉬지 않고 캐내다 보면

앞으로
50~60년 뒤에는
한 방울도 나오지
않을 거랍니다.

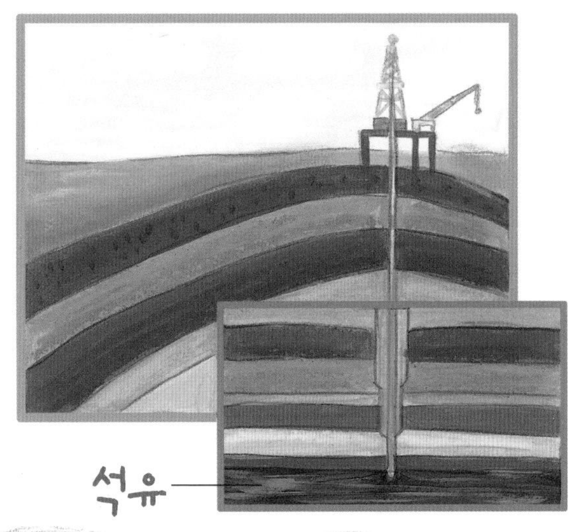

조금 더 알기!

석유를 태우면 이산화탄소라는 물질이 나와요. 이산화탄소는 지구의 공기를 오염시키는 해로운 물질이랍니다. 그래서 전 세계는 석유를 대신하되 환경을 오염시키지 않는 에너지를 만들어 내는 데 힘을 쏟고 있어요.

25 살아 있는 화석도 있나요?

놀랍게도 있답니다. 살아 있는 화석이란
수천 또는 수억만 년 전에 살았던 것으로
여겨지는 생물의 화석 형태와 똑같은
모습으로 지금도 살고 있는 생물을 말해요.
2억 년 전에 살았던 투구게, 큰도마뱀,
1억 4000만 년 전에 살았던 악어,
1억 2500만 년 전에 살았던 은행나무,
2억 5000만 년 동안 살고 있는 바퀴벌레 등은

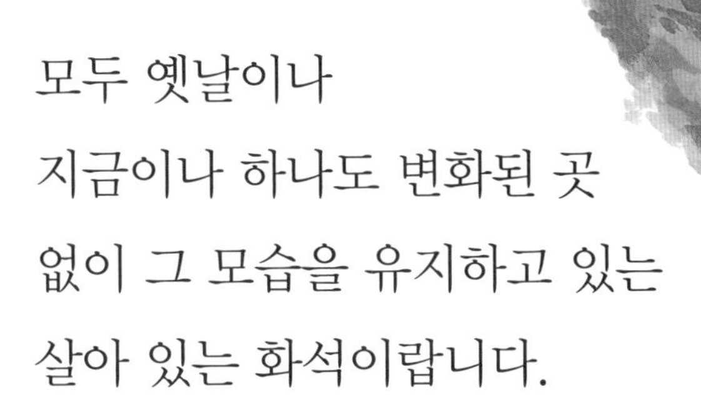

모두 옛날이나
지금이나 하나도 변화된 곳
없이 그 모습을 유지하고 있는
살아 있는 화석이랍니다.

26 암석은 어떻게 만들어지나요?

암석은 지구가 생겨날 때부터
있었어요.
지구의 바깥 부분인 지각이
바로 단단한 암석으로
이루어져 있거든요.
지구 표면을 덮고 있는 흙은 암석이
잘게 부서진 것들이랍니다. 그래서 흙으로
덮여 있는 땅을 깊이 파들어 가면 넓고 단단한
암석이 나온답니다. 한마디로 지구는 커다란
바윗덩어리라고 할 수 있지요.

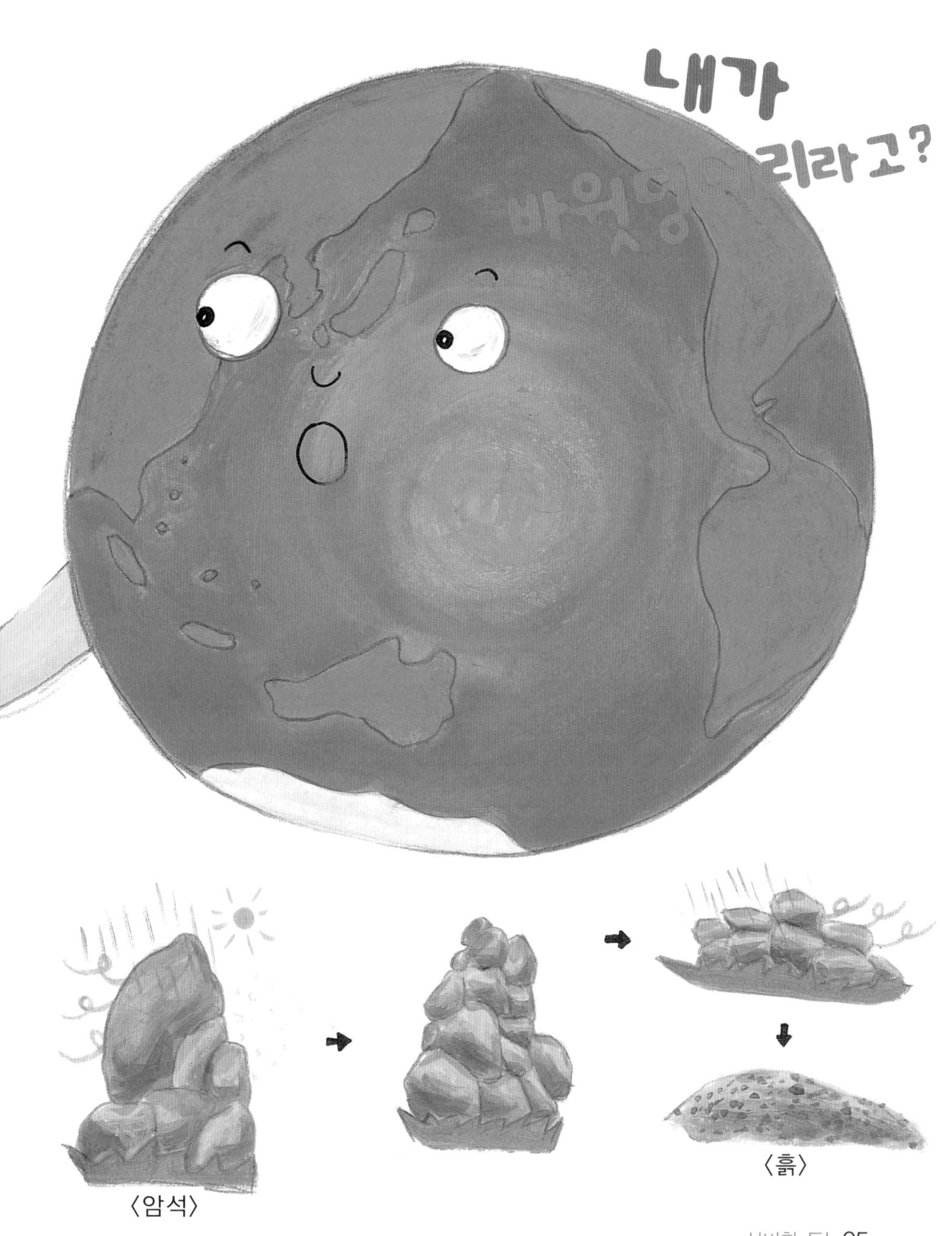
내가
바윗덩어리라고?
〈암석〉
〈흙〉

27 암석은 몇 종류가 있나요?

지구를 이루고 있는 암석은 세 종류예요.
퇴적암, 화성암, 변성암이지요.
퇴적암은 모래, 흙, 죽은 생물 등이 강물에 떠내려가 강이나 바다 등에 가라앉아 층층이 쌓이고 쌓여 굳어진 암석이에요. 시멘트의 재료인 석회암이 퇴적암에 속하지요.
화성암은 화산 폭발로 인해 뿜어져 나온 마그마가 식어서 생기거나 땅속 깊은 곳에 있는 마그마가 식어서 생기는 암석이에요. 건물을 지을 때 재료로 쓰이는 화강암이 화성암이지요.
변성암은 퇴적암이나 화성암이 땅속에서 높은 열과 압력을 받아서 다른 성질을 가진 암석으로 변한 것을 말해요. 실내 장식으로 쓰이는 대리석은 퇴적암에 속하는 석회암이 변한 변성암이랍니다.

퇴적암(석회암)

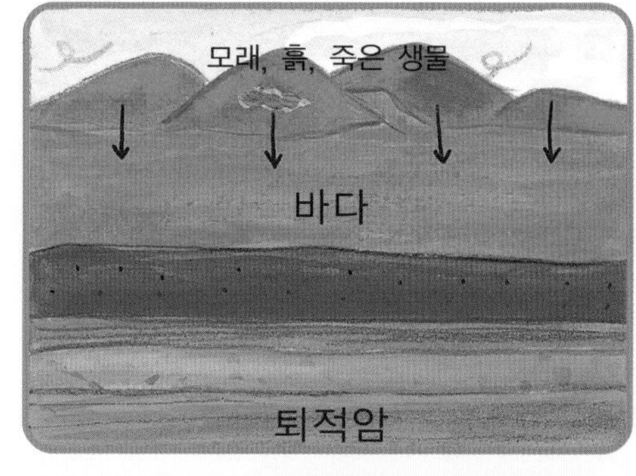

화성암(화강암)

변성암(대리석)

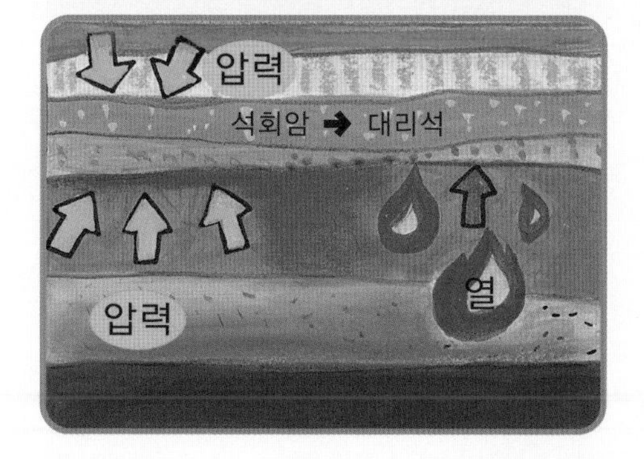

28 어떤 암석에 화석이 들어 있나요?

화석은 죽은 동물의 시체에 흙이나 모래 등이 밀려와

쌓이고 쌓여 굳어서 생긴다고 했어요.

잠시 기억을 더듬어 보아요.

암석의 종류는 몇 가지라고 했나요?

세 가지라고 했지요? 퇴적암, 화성암, 변성암…….

아, 그러고 보니 화석이 생기는 경우는

퇴적암이 생기는 경우와 같네요.

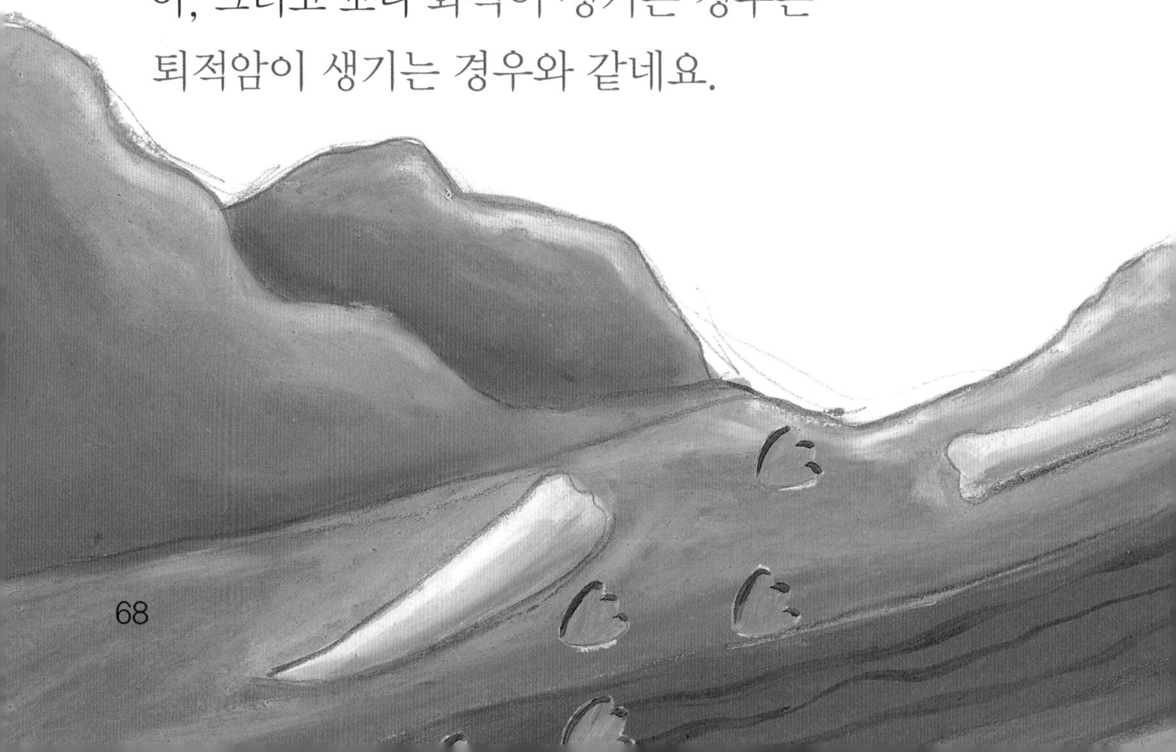

그래요. 이제 알겠지요?

화석이 들어 있는 암석은 바로 퇴적암이에요.

29 암석은 돌고 돈다고요?

퇴적암, 화성암, 변성암은 본래의 성질을 영원히 유지하지 않는답니다. 퇴적암도 되었다가 화성암도 되었다가 변성암도 되지요.

어떻게 그럴 수 있는지 한번 볼까요?

마그마가 식어서 된 화성암은 바람과 물에 깎이면 잘게 부서져 자갈과 모래, 흙이 돼요. 이것들은 강물에 떠내려가 강이나 바다에 가라앉아 점점 층을 이뤄 쌓여 퇴적암이 된답니다.

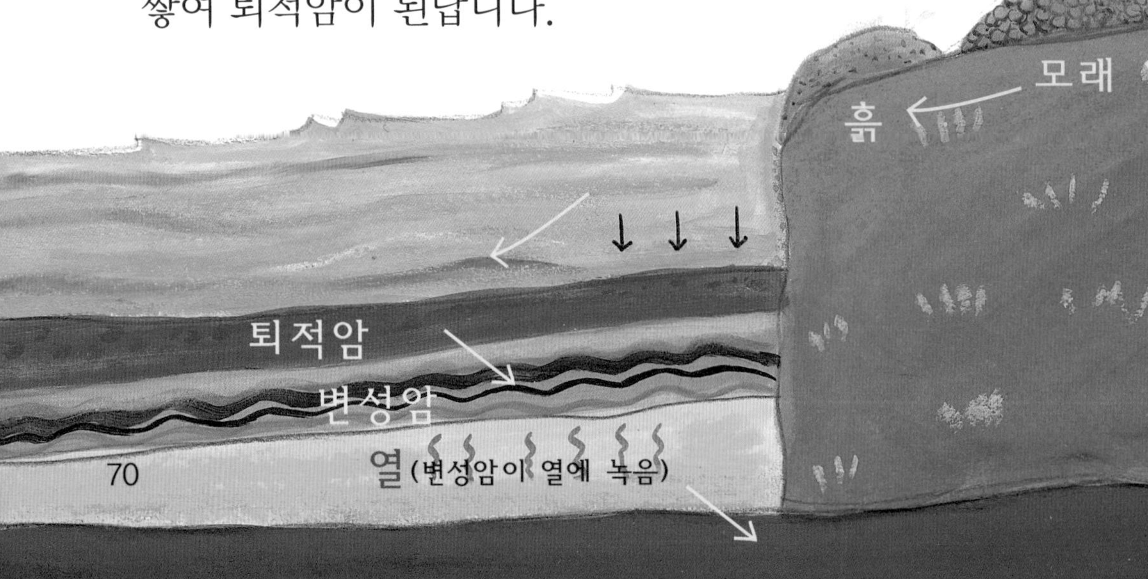

퇴적암이 더욱더 땅속 깊은 곳에 묻혀
위에서 누르는 힘과 마그마의 뜨거운
열을 받으면 변성암이 된답니다.
어때요?
이제 이해가 되지요?
용암
화성암
자갈
마그마

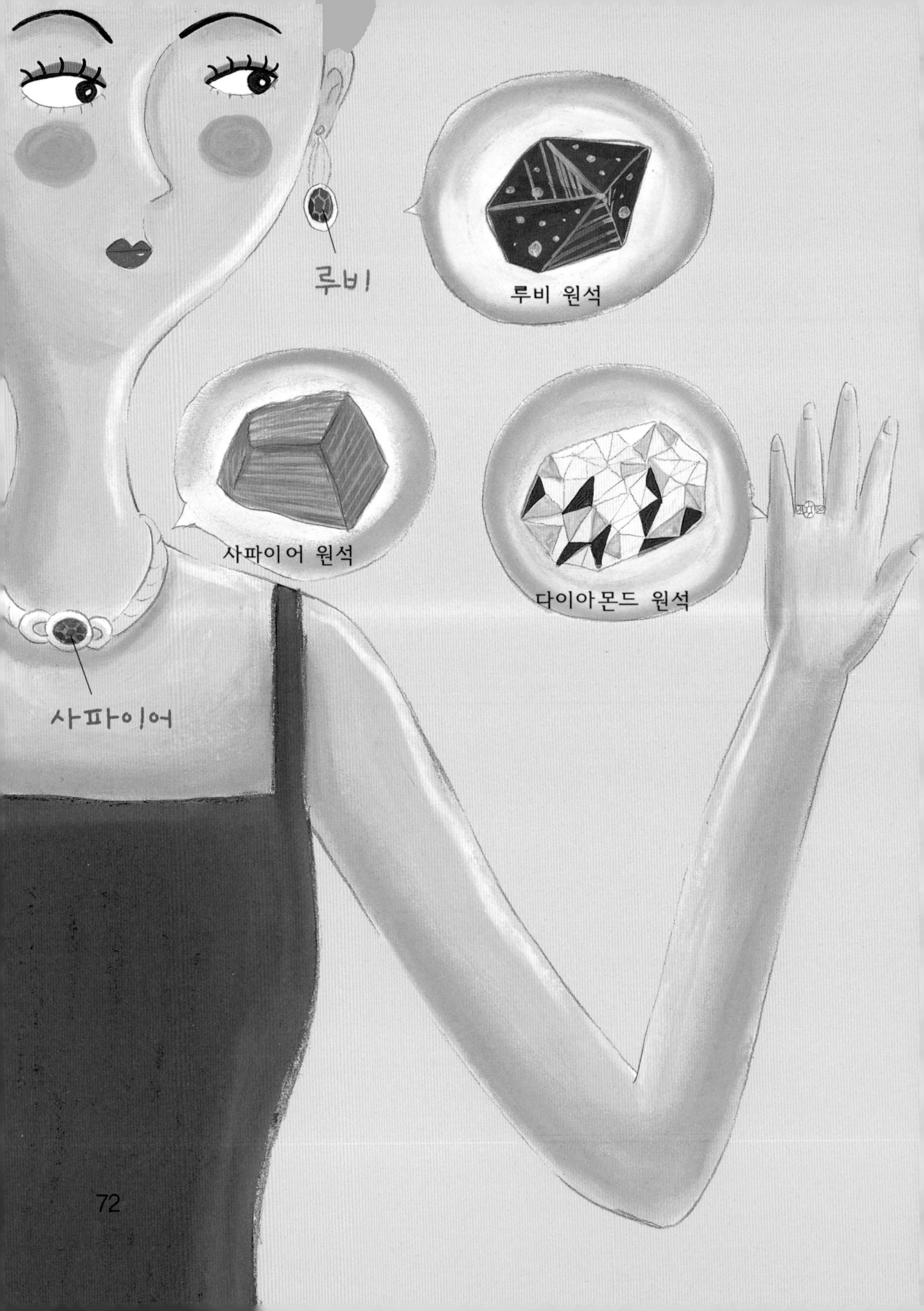
루비
루비 원석
사파이어 원석
다이아몬드 원석
사파이어

30 보석은 어떻게 만들어지나요?

보석은 한마디로 돌이에요. 하지만 누구나 쉽게 가질 수 있는 흔한 돌이 아니에요.
쉽게 부서지지 않고 단단하며, 변하지 않는 아름다운 빛깔과 광택이 나는 희귀한 돌만이 보석이에요. 보석은 장신구로 많이 쓰이고 있어요.
다이아몬드와 루비는 화성암에서 나오고, 사파이어, 경옥 등의 보석은 변성암에서 나와요. 또 오팔이라는 보석은 퇴적암에서 나온답니다.

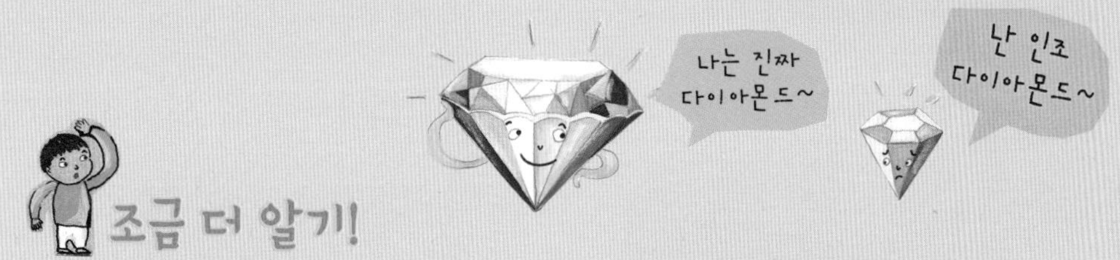

조금 더 알기!

진주, 호박, 산호 등은 돌에서 나오는 보석은 아니지만 이들 역시 보석이라고 해요. 자연에서 만들어진 천연 보석은 값이 비싸지만, 큐빅처럼 겉모습만 다이아몬드처럼 만드는 인조 보석은 값이 싸답니다.

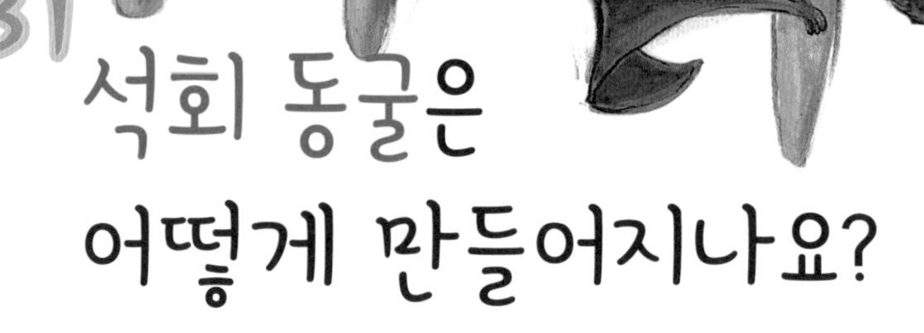

31 석회 동굴은 어떻게 만들어지나요?

석회 동굴은 바위틈으로 스며든 지하수가 석회암을 녹여서 만들어진 동굴이에요.

석회 동굴은 오랜 세월 동안 지하수의 흐름에 따라 여러 모양으로 변해요. 지하수에 녹은 석회암이 바닥에 방울방울 떨어져 쌓인 것은 석순, 고드름처럼 동굴 천장에 매달린 석회암 막대는 종유석, 종유석과 석순이 맞닿아 이어진 것은 석주라고 해요.

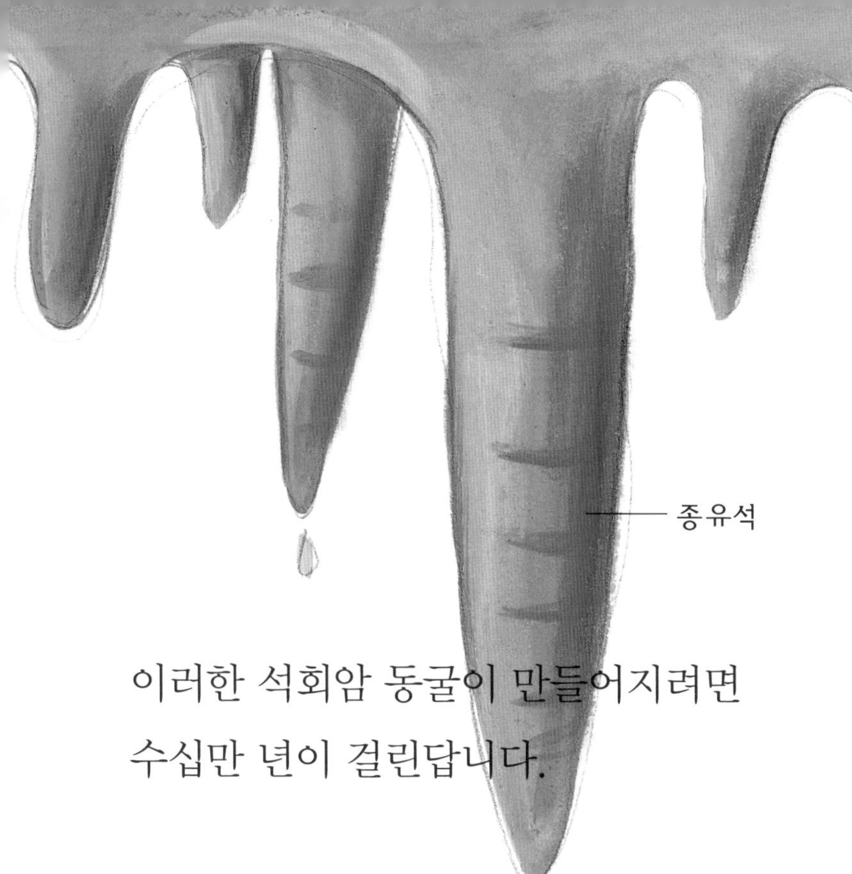

이러한 석회암 동굴이 만들어지려면
수십만 년이 걸린답니다.

조금 더 알기!

동굴은 용암 동굴과 해식 동굴도 있어요. 용암 동굴은 화산 폭발로 뿜어져 나온 용암이 땅 위를 흐르다 겉 부분은 식고 식지 않은 속의 용암은 빠져나가 생긴 동굴이에요. 우리나라는 제주도에서만 볼 수 있답니다. 해식 동굴은 바닷가의 절벽에 생기는 동굴이에요. 파도가 약한 바위틈을 계속 부딪쳐 깎여 들어가면서 생기지요.

32 모래는 어떻게 만들어지나요?

모래는 암석이 잘게 부서진 거예요.
그럼, 단단한 암석은 누가 부서뜨릴까요?
암석이 부서지는 이유는 여러 가지가 있어요.
바람에 깎이고, 강물에 떠내려가면서 서로 부딪쳐
깨지고, 암석의 틈에 있던 물이 얼었다 녹는 일이
되풀이되면서 부서져요.

그뿐이 아니에요.

불에 타 부서지고, 나무뿌리가 암석의 틈에

들어가면서 부서지기도 해요.

부서진 암석은 큰 돌이 되고 큰 돌은

다시 작은 돌이 되어요. 작은 돌은 자갈이 되고,

자갈은 잘게 부서져 모래와 흙이 된답니다.

33 모래에서 금을 얻을 수도 있나요?

모래에서 금을 캘 수도 있어요. 이것을 사금이라고 해요. 사금은 강바닥이나 강가의 모래, 또는 자갈에 섞여 있어요. 금광석이 잘게 부서져서 물에 떠밀려와 쌓여 생기는데 아주 작은 알갱이나 비늘 모양이에요. 하지만 어떤 것은 큰 덩어리를 이루고 있는 것도 있답니다.

금은 모래보다 무겁기 때문에 쟁반에 모래를 담고 물속에서 잘 흔들면 모래는 흘러나가고 사금만 가라앉아요. 하지만 강가 어디에서나 사금을 발견할 수는 없어요.

사금이 있다면 그 근처 어딘가에 금광이 있거나 예전에 금광이 있었다는 것을 말해 주어요. 세월이 흐르면서 금광석이 깎여 흘러나온 것이 쌓여 사금이 되니까요.

34 공룡에 대해 어떻게 알 수 있는 건가요?

사람은 300만 년 전에 지구에 나타났어요. 공룡은 사람이 나타나기 훨씬 전인 약 6500만 년 전에 지구에서 사라졌고요. 그런데 우리는 지금 어떻게 옛날에 사라진 공룡에 대해 알 수 있는 걸까요?
그것은 공룡 화석 덕분이에요.
땅속의 돌에 남아 있는 공룡의 뼈와 발자국, 발톱 자국, 이빨, 공룡 똥 등의 화석을 보고 공룡의 모습과 크기, 먹이와 생활 등을 알 수 있는 거지요. 하지만 지금 우리가 그림이나 상난감에서 보는 공룡의 피부 색깔은 사람들이 상상해서 만들어 낸 것으로 정확한 것은 아니에요.
공룡 화석에 피부 색깔이 남아 있지는 않거든요.

조금 더 알기!

경상남도 고성군 하이면은 세계적으로 공룡 발자국 화석이 가장 많이 발견된 곳이에요. 또한 경상남도 진주시 내동면 유수리는 우리나라에서 가장 많은 공룡 뼈 화석이 발견된 곳이랍니다. 전라 남도 보성에서는 공룡 알과 둥지 화석이 발견되기도 했어요.

35 공룡은 왜 사라졌나요?

과학자들은 공룡이 왜 사라졌는지 밝혀내려고 노력을 하고 있어요. 하지만 아직까지 확실한 이유를 알아내지는 못하였어요. 다만 많은 과학자들은 우주를 떠돌던 소행성이 지구로 날아와 부딪혀 공룡이 사라졌을 거라고 생각하고 있어요. 소행성이 지구와 부딪히자 핵폭탄보다도 더 강한 불길이 솟아오르고 먼지가 일었어요. 먼지는 지구 전체를 뒤덮었지요. 그러자 태양이 가려져 기온이 뚝 떨어지고 식물은 살 수 없게 되었어요. 동물들도 추위에 적응을 하지 못하였고요. 식물이 자라지 못하자 초식 공룡을 비롯한 초식 동물들은 먹이가 없어 굶어죽었어요. 초식 동물들이 사라지자 이들을

먹는 육식 공룡을 비롯한
육식 동물들 역시
굶어죽게 되었답니다.

조금 더 알기!

초식 동물이란, 풀, 나무와 같은 식물을 먹고 사는 동물을 말해요.
육식 동물은 동물의 고기를 먹고 사는 동물을 말해요.

36 공룡의 이름은 어떻게 알았나요?

티라노사우루스, 브라키오사우루스, 기가토사우루스, 파라사우롤로푸스, 케라톱스…….
공룡 이름이에요. 참 이상하지요?
그 많은 공룡 이름은 어떻게 알았을까요?
공룡 이름은 과학자들이 공룡 화석을 발견한 뒤 그 공룡의 생김새나 특징을 살려 지은 거예요.

공룡 가운데 가장 사나운 티라노사우루스는 '폭군' 이라는 뜻을 지닌 이름이에요.

또 트리케라톱스는 '뿔이 셋 달린 얼굴' 이라는 뜻이에요. 하지만 어떤 공룡은 공룡 화석이 발견된 곳의 이름을 따서 짓거나, 공룡 화석을 발견한 사람의 이름을 따서 짓기도 해요.

조금 더 알기!

공룡 이름 뒤에 '사우루스' 라는 이름이 많이 붙어요. 사우루스는 '도마뱀' 이라는 뜻이에요.

37 흙은 어떻게 만들어지나요?

흙은 단단한 암석이 부서져서 생겨요.
하지만 암석이 부서진 그대로는 흙으로 쓸모가
없어요. 식물이 자랄 수 있는 흙이 되려면 동물의
시체와 풀이나 낙엽, 그리고 이들을 잘 썩게
해 주는 곰팡이와 세균이 있어야 해요.
생물이 잘 썩어 흔적도 없이 부서진
흙은 거무스름한 빛깔을 띠어요.
부서진 암석은 오랜 세월 동안
이러한 과정을 되풀이하여 비로소
영양분이 풍부한 흙이 되는 거예요.

조금 더 알기!

숲 속의 흙은 여러 층으로 나뉘어 있어요. 맨 위층은 낙엽이 덮여 있고, 그 다음 층은 낙엽이 잘게 부서진 층이 있어요. 그리고 맨 아래층에는 부서진 낙엽들이 썩어서 만든 영양분이 많은 흙이 있어요.

38 흙은 알갱이 크기가 중요하다고요?

찰흙을 보세요. 밀가루처럼 곱고 부드럽지요?
하지만 화단의 흙을 보세요. 포슬포슬하고 작은
흙 알갱이들로 이루어져 있지요?
찰흙처럼 고운 흙은 흙 알갱이의 틈새가 적어
물이 잘 빠지지 않고 바람도 잘 통하지 않아요.
이런 흙을 홑알 구조의 흙이라고 해요.
하지만 화단의 흙처럼 포슬포슬한 흙은 흙 알갱이의
틈이 많아 물도 잘 빠지고 바람도 잘 통해요.
이런 흙을 떼알 구조의 흙이라고 해요.
그럼, 두 가지 흙 가운데 어느 흙에 심은 식물이
잘 자랄까요? 당연히 떼알 주조의 흙이지요.
물이 잘 빠지니 뿌리가 썩을 염려도 없고,

흙 알갱이 틈으로
뿌리도 쭉쭉 잘 뻗어내려
튼튼하게 자리를
잡을 수 있으니까요.

〈홑알 구조의 흙〉

〈떼알 구조의 흙〉

39 지층이 뭐예요?

지층은 한마디로 땅의 층이에요. 흙이나 모래, 자갈, 동물의 시체, 낙엽 등등이 물을 따라 흘러가다 강이나 바다, 호수 등의 바닥 또는 지표면에 쌓여 생긴 층이지요. 지층은 하루아침에 이루어지지 않아요. 오랜 세월에 걸쳐 쌓이고 쌓여서 단단하게 돌처럼 굳어서 생긴답니다. 이렇게 굳은돌을 퇴적암이라고 해요. 지층이 만들어질 때 자갈이나 모래처럼 크고 무거운 것은 바닥에 깔리고 흙이나 낙엽 같은 작고 가벼운 것은 그 위에 쌓여요. 그리고 윗부분보다 아랫부분이 너 오래전에 생긴 층이에요. 지층이 어떤 모습일지 상상이 되지요? 잘 모르겠다고요? 그럼 층마다 색이 다른 무지개떡을 떠올려 보세요.

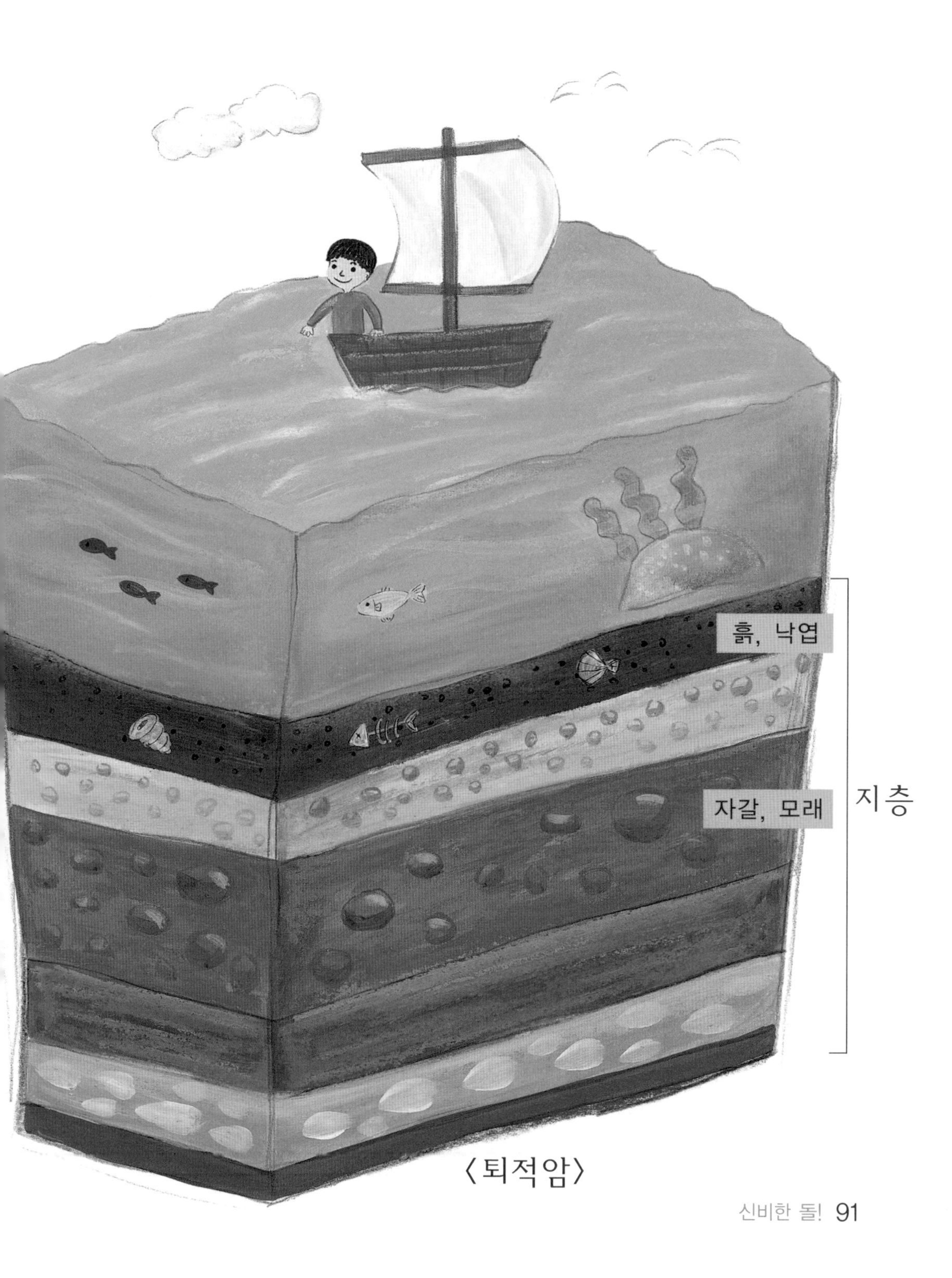

〈퇴적암〉

40 지층은 왜 물결 모양인가요?

지구의 바깥 부분인 지각은 우리가 느끼지 못하고 있지만 매일 조금씩 움직이고 있어요. 지각은 아프리카 판, 유라시아 판, 태평양판 등 여러 개의 판으로 이루어져 있어요. 그런데 두 개의 판이 서로 부딪쳐 양쪽에서 밀면 두 지각이 힘을 견디지 못하고 어느 한쪽으로 휘거나 솟아오르게 돼요. 그러면 지층은 물결 모양처럼 주름이 생기게 된답니다. 히말라야, 알프스, 록키, 안데스 산맥 등은 모두 이렇게 땅이 움직여 생겨난 거랍니다.

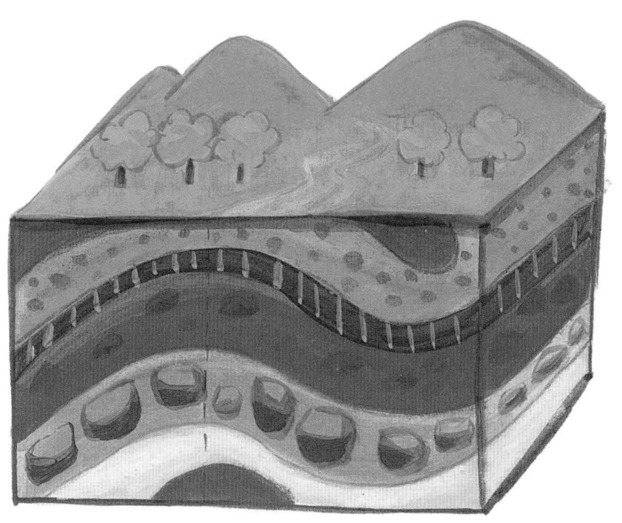

〈정습곡〉

〈역단층〉

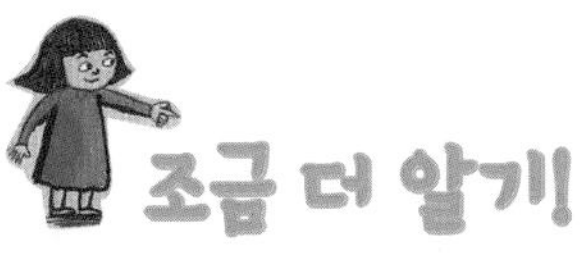

조금 더 알기!

지층이 휘어 물결 모양으로 주름이 생기는 것을 '습곡'이라고 해요. 지층이 위아래로 어긋나서 한쪽은 솟아오르고 한쪽은 내려가는 것은 '단층'이라고 해요.

3. 뜨거운 화산, 들썩들썩 지진!

땅속이 들썩들썩, 우르릉 쾅!
뜨겁고 시뻘건 용암을 뿜어내는 화산!
지구가 성이 났나 봐요.
화산 이야기에 귀 기울여 볼까요?

41 화산이 뭐예요?

땅속 깊은 곳은 상상할 수 없을 정도로 열이 높아요.
그래서 단단한 암석도 죽처럼 녹아 있답니다.
단단한 암석이 녹아 있다니 얼마나 뜨거울까요?
상상이 가나요? 무려 1,200도랍니다.
땅속의 암석이 녹아 있는 것을 마그마라고 해요.
마그마가 있는 부분을 맨틀이라고 한답니다.
마그마는 위쪽 암석에 틈이 생기면 위로 조금씩
올라와 고여 있어요. 그러다가 높은 열과 압력을
이기지 못하고 땅의 약한 부분을 뚫고
폭발하게 되는데,
이것이 바로
화산이에요.

화구
지각
맨틀
마그마

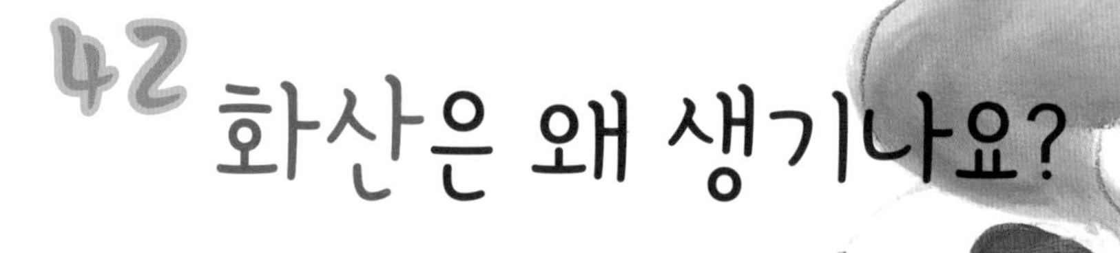

지구의 바깥쪽인 지각은
암석으로 된 여러 개의
판 조각으로 되어 있어요.
이 판들은 암석이 녹아

마그마

맨틀

흐물흐물한 맨틀 위에 떠 있어요. 그런데 맨틀은 쉬지 않고 천천히 흐르고 있기 때문에 맨틀 위에 떠 있는 판들도 따라서 움직이게 된답니다.

판들은 움직이면서 서로 부딪치기도 하고, 강한 힘으로 서로 밀기도 해요. 그래서 판과 판끼리 맞대어 있는 부분은 계속해서 강한 힘을 받아 힘이 약해진답니다. 마그마가 이렇게 약해진 판의 틈을 뚫고 나오는 것이 바로 화산이지요.

조금 더 알기!

화산은 세 가지 형태로 생겨나요. 첫째는 바다 속에서 판이 갈라져 그 틈으로 마그마가 솟아오르는 경우예요. 둘째는 두 개의 판이 부딪쳐 힘이 약한 판이 강한 판 아래로 밀려들어가 다시 마그마가 되어 틈 사이로 나오는 경우이고요, 셋째는 마그마가 지각을 여러 번 찢어 구멍을 낸 뒤 그 구멍으로 마그마가 솟아오르는 경우예요.

43 화산이 폭발할 때 나오는 것은 무엇인가요?

화산이 폭발하면 용암, 화산 가스, 화산재와 화산진이 나와요.

용암은 땅속에 있던 마그마가 땅 위로 올라왔을 때 부르는 말이에요. 뜨겁고 끈적끈적한 용암은 땅 위로

나오면 굳어 바위가 돼요. 용암 때문에 산에 사는 동물과 식물은 생명을 잃게 되지요. 화산진은 화산재보다 알갱이가 더 작은 것으로 마치 먼지와 같아요. 화산재와 화산진은 화산 폭발이 끝난 뒤에도 오랫동안 하늘에 떠 있어서 햇빛을 가린답니다. 그래서 화산 폭발이 있었던 곳의 기후를 변화시켜요.

화산 가스를 이루고 있는 것은 거의 전체가 수증기라서 화산 폭발 지역에 많은 비를 내릴 수 있어요.

44 마그마와 용암의 차이는 무엇인가요?

땅속 깊은 곳의 열로 암석이 녹아 있는 것을 '마그마'라고 해요. 마그마에는 물과 이산화탄소, 황 등의 기체로 이루어진 화산 가스가 섞여 있어요. 마그마가 땅을 뚫고 나올 때는 화산 가스가 날아가 버리는데, 이때의 마그마를 '용암'이라고 불러요.
한마디로 마그마는 암석이 녹아 땅속에 있는 것을 가리키고, 용암은 화산 폭발로 마그마가 땅 위로 나온 것을 가리키는 말이에요.

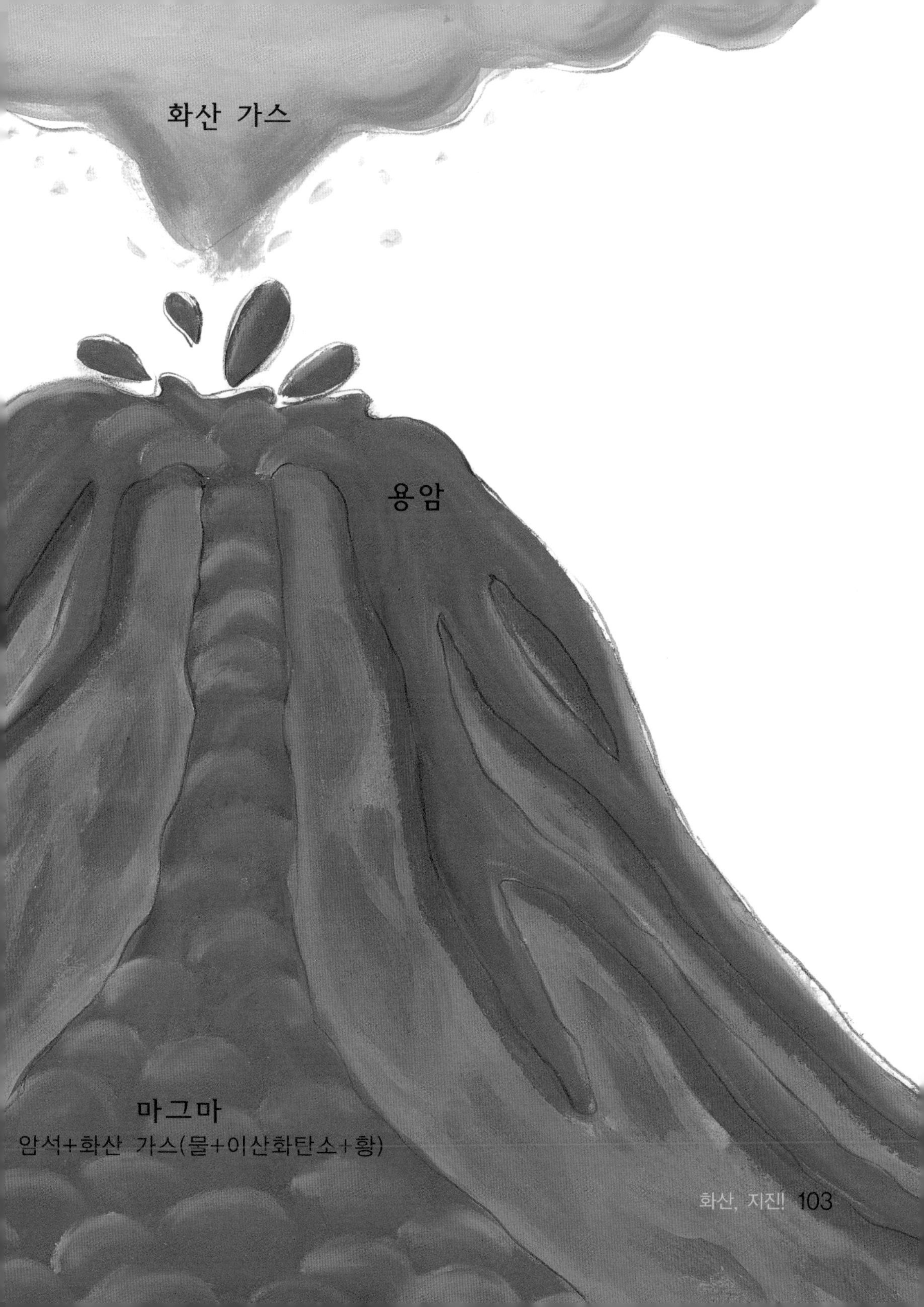

화산 가스

용암

마그마

암석+화산 가스(물+이산화탄소+황)

45 마그마는 무엇이든 다 녹일 수 있나요?

마그마의 온도는 1,200도 정도예요. 팔팔 끓는 물의 온도가 100도이므로 끓는 물보다 10배가 넘게 뜨거워요. 이렇게 뜨거우니 땅속 마그마는 무엇이든 다 녹일 수 있을까요?

모든 물질은 녹는 온도가 있어요. 따라서 마그마가 녹일 수 있는 것은 녹는 온도가 마그마의 온도인 1,200도보다 낮은 것들뿐이에요.

금은 녹는점이 1,064도, 구리는 1,083도, 은은 1,000도도 되지 않아요. 이런 물질들은 마그마에 넣으면 금방 녹아 버려요. 하지만 철은 녹는 온도가 1,539도예요. 따라서 1,200도의 마그마에 넣어도 녹지 않는답니다.

나는 땅속 마그마!
무엇이든 녹이지~

끓는 물
100도
마그마 1,200도
나는 무척 뜨겁다구!
금 1,064도
은 999도
난 끄떡없지.
철 1,539도

46 화산마다 모양이 다른가요?

화산의 모양은 마그마의 상태에 따라 달라져요. 마그마에 기체가 많이 들어 있으면 끈적끈적하고 땅을 뚫고 나올 때 큰 폭발음을 내요. 끈적끈적한 용암은 잘 흘러내리지 않아 폭발한 주위에서 굳어 버린답니다. 그래서 마치 종모양의 화산이 생기지요. 하지만 기체가 적게 들어 있는 마그마는 묽어서 땅을 뚫고 나올 때도 폭발하지 않고 용암이 흘러나와요.

방패모양(묽다.)

끈적끈적한 용암은
잘 흘러내리지 않아
종모양의 화산이
되지요.

47 분화구가 뭐예요?

분화구는 화산이 폭발할 때 용암이 뿜어져 나온 자리예요. 모양은 둥글게 움푹 패여 있는데, 바닥은 편평해요. 바닥에 작은 구멍이 한 개 또는 여러 개 있는데, 이 작은 구멍으로 용암이 뿜어져 나온 거예요. 분화구 전체로 용암이 나오는 것은 아니지요.

분화구는 보통 지름이 1킬로미터를 넘지 않아요.

분화구에 물이 고여 있는 것을 '화구호'라고 하는데, 물의 깊이는 약 50미터 정도 돼요. 지름이 3킬로미터를 넘는 큰 분화구는 '칼데라'라고 하며, 칼데라에 물이 고여 있는 것을 '칼데라 호'라고 해요.

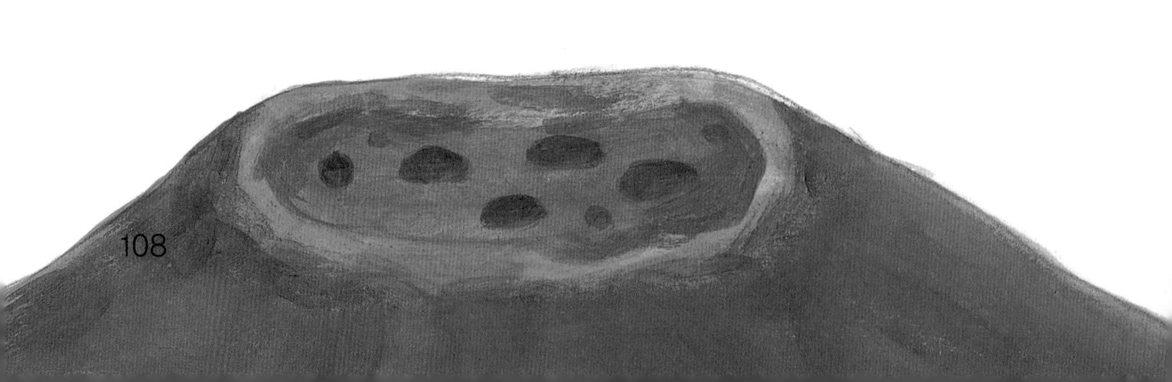

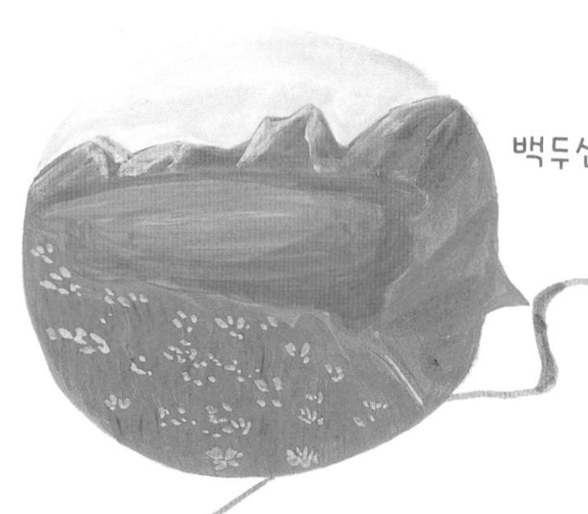

울릉도 나리 분지

물의 깊이는 보통 100미터를 넘는답니다. 칼데라에 물이 고여 있지 않으면 '칼데라 분지' 라고 해요.

조금 더 알기!

우리나라의 제주도 한라산 봉우리에 있는 백록담은 화구호이며, 백두산 최고봉에 있는 천지는 칼데라 호예요. 또한 화산섬인 울릉도의 나리 분지는 칼데라 분지예요.

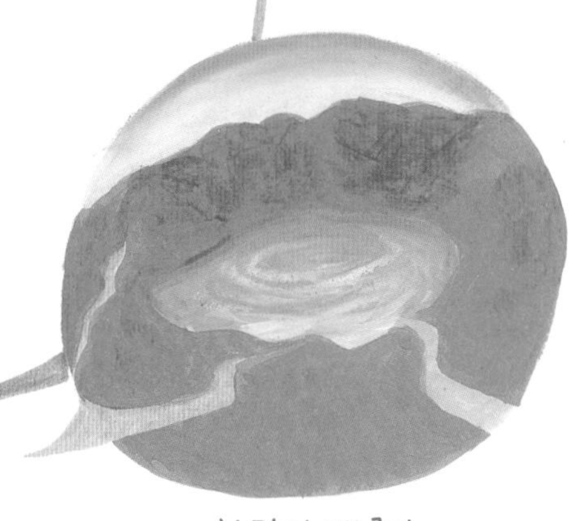

48 폭발하지 않는 화산도 있나요?

화산이라고 해서 모두 쉬지 않고 활동하는 것은 아니에요. 어떤 화산은 분명 화산이 폭발하여 생겼지만 역사적으로 화산 활동을 한 기록이 없는 화산도 있어요. 이런 화산을 '사화산' 이라고 해요. 죽은 화산이라는 뜻이지요. 또 옛날에는 화산 폭발이 있었지만 지금은 활동을 멈추고 있는 화산을 '휴화산' 이라고 해요. 쉬고 있는 화산이라는 뜻이지요. 제주도의 한라산이 바로 휴화산이에요. 지금도 화산 활동을 하고 있는 화산은 '활화산' 이라고 해요. 살아 있는 화산이라는 뜻이지요.

조금 더 알기!

예전에는 화산 종류를 사화산, 휴화산, 활화산으로 나누었지만, 요즈음은 모두 활화산으로 부르는 분위기예요. 사화산과 휴화산도 앞으로 언젠가는 화산 활동을 할 수 있기 때문이지요. 실제로 1951년, 사화산으로 알고 있던 파푸아의 라민톤 화산이 갑자기 폭발하여 많은 사람들이 목숨을 잃었답니다.

49 가장 크게 일어난 화산 폭발은 무엇인가요?

79년, 이탈리아의 나폴리 근처에 있는 베수비오 화산 폭발이에요. 이 화산 폭발로 로마 제국의 폼페이라는 도시 전체가 용암과 화산재에 뒤덮여 순식간에 사라졌어요.

그 당시 도시에 살던 2만여 명이 모두 목숨을
잃었을 정도로 끔찍한 사건이지요.
최근에 폼페이를 발굴하면서 도시의 건축물을
비롯하여 뜨거운 용암에 온몸이 굳은 사람들의
놀란 얼굴, 먹다 만 음식물 등이 발굴되어
당시의 처참했던 상황을 알 수 있게 되었어요.
베수비오 화산은 지금은 폭발이 멈추었지만
여전히 수증기를 내뿜고 있어요.
언제 또 화산이 폭발할지 모르는 활화산이지요.

50 제주도는 화산 폭발로 생긴 섬이라고요?

제주도는 120만 년 전에 바다 속에 있던
마그마가 솟아오르기 시작하여 지금으로부터
70만 년 전 화산 활동으로 섬이 생겼어요.
그 뒤 30만 년 전에 한라산이 생기고 그 뒤 계속하여
작은 산(제주말로 오름)과 해안선 등이 생겼어요.
지금은 화산 활동이 멈추어 있답니다.
우리나라에서 가장 큰 섬으로 타원 모양으로
생겼어요. 화산 폭발로 생긴 섬이라 용암이 굳어
만들어진 돌이 많지요. 현무암으로 불리는 이 돌은
구멍이 숭숭 뚫려 있지만 무척 단단하답니다.
하지만 구멍으로 물이 잘 빠져나가 제주도는
논농사를 지을 수 없는 곳이에요.

제주도는 용암이 식으면서 생긴 용암굴이 많은데,
가장 유명한 것으로 만장굴과 쌍용굴이 있어요.

화산 폭발 당시

51 화산이 일어나는 곳은 사람이 살 수 없나요?

화산 폭발이 일어나면 뜨거운 용암에 사람과 동식물이 목숨을 잃고, 땅은 농사를 지을 수 없게 되며, 화산재와 화산 가스로 기후가 변해요. 하지만 화산 폭발 덕분에 좋은 일도 있어요. 우선은 화산이 일어난 곳과 화산으로 생긴 온천을 관광지로 개발할 수 있어요.

제주도, 베수비오 화산, 일본 온천 등은 모두
화산 덕분에 유명해진 관광지예요.
또 화산재로 덮인 땅은 오랜 시간이 지나면 영양분이
많은 땅이 되므로 농사를 짓는 데 좋아요.
또 화산 폭발은 땅속 물질이 밖으로 나온 것이기에
지구 속을 연구하는 데 큰 도움이 된답니다.

52 온천이 뭐예요?

온천은 지하수(빗물이 땅속에 고인 물)가
데워져서 나오는 거예요.
보통은 그 지역의 연평균 기온이나 얕은 층의
지하수 온도보다 높은 온도의 물을 말해요.
우리나라는 지하수의 온도가 25도가 넘는 물을
온천이라고 해요. 하지만 다른 나라는 그렇지 않아요.
나라마다 자기네 나라의 기온에 따라 온천의 온도를
정해 놓고 있거든요.
온천은 우리가 마시는 물과 조금 달라요. 온도도
높지만 물속에 황이나 이산화탄소와 같은 물질이
들어 있거든요. 하지만 사람 몸에 해롭지는 않답니다.

아~
시원하다.

황
이산화탄소

53 온천물은 왜 온도가 높나요?

땅속 깊은 곳에 마그마가 있다고 했지요?
온천은 마그마의 열로 지하수가 데워져
땅 위로 나오는 거예요.
그래서 화산이 많은 곳에 온천도 많답니다.
그럼 온천도 마그마처럼 땅 위로 폭발하면
어떡하느냐고요? 걱정하지 마세요. 온천이 나오는
곳의 마그마는 화산이 폭발할 정도로 열이 높지
않아요. 그래서 화산처럼 폭발하지 않는답니다.

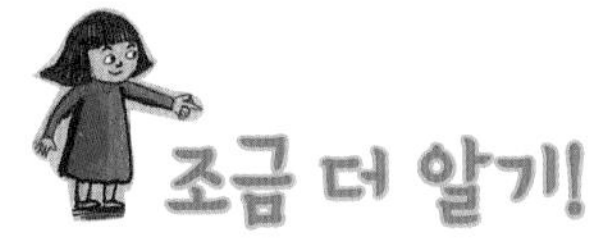

온천이 많은 나라는 일본, 뉴질랜드, 남북아메리카 대륙 서해안, 이탈리아, 에스파냐, 아이슬란드 등이에요. 특히 일본은 세계적으로 온천이 많기로 유명한데, 전국에 약 1만 6,000곳의 온천이 있어요.

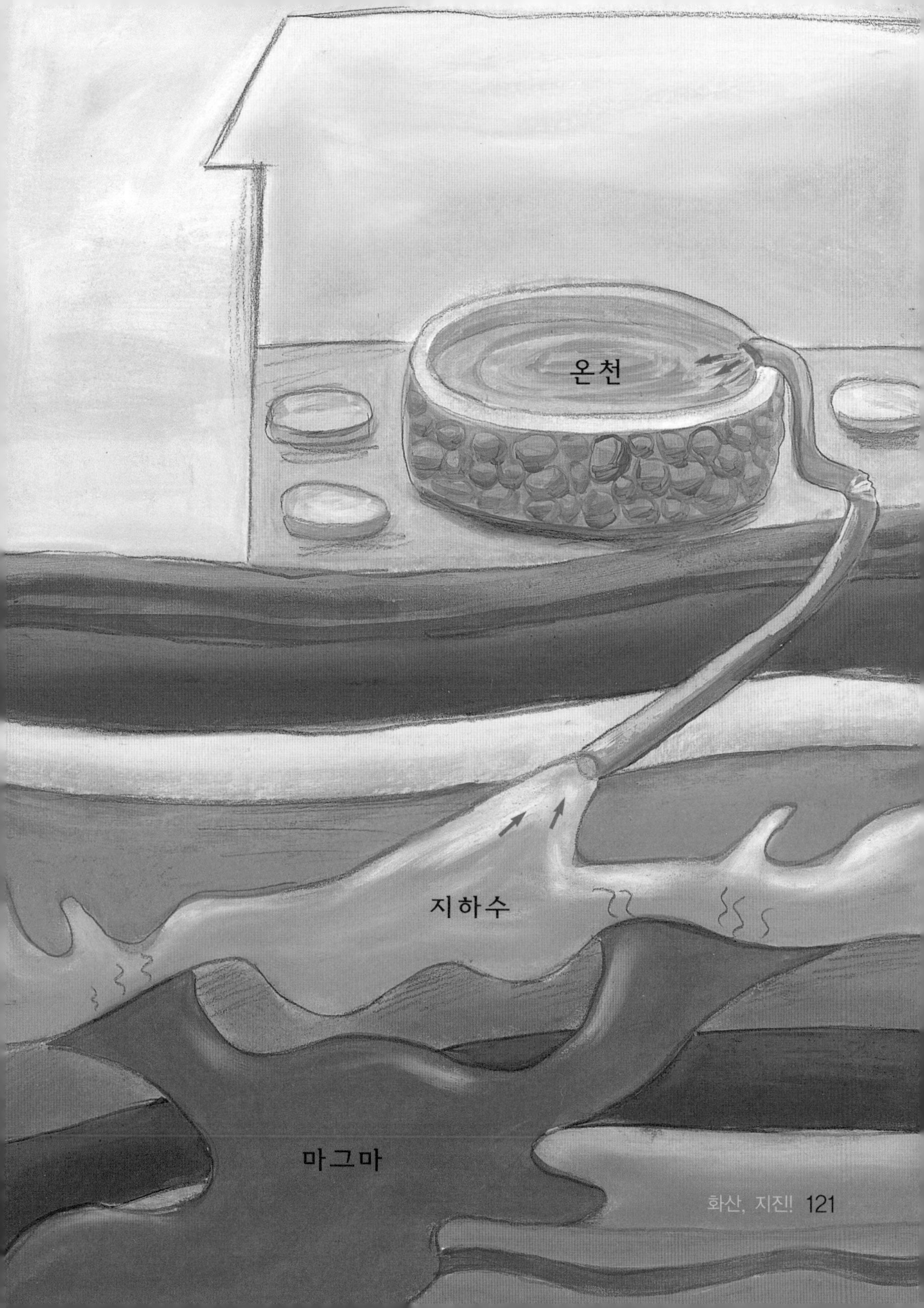
온천
지하수
마그마

54 지진은 왜 일어나나요?

지진은 땅속 맨틀 위에 있는 암석 판에 어떤 일이 생겼기 때문에 일어나요.
판들은 움직이면서 서로 밀치고 부딪치는데 약한 판이 힘을 견디지 못하고 끊어지면 지층이 어긋나게 돼요. 이때 바로 지진이 일어나는 거예요. 지진이 일어나면 땅이 흔들리고 쾅! 하는 큰 소리가 난답니다.

건물들은 기울어지고,
도로는 끊어져 위험
하지요. 화산이 폭발할 때도
지진이 일어나기는 하지만
이때는 그다지 피해가 크지 않아요.

55 지진이 많이 일어나는 곳은 어디인가요?

세계적으로 지진이 많이 일어나는 곳이 있어요.
이런 곳을 '지진대' 라고 해요. 지도를 놓고 보았을 때
뉴질랜드와 말레이의 섬들, 대만, 일본과
남북 아메리카 대륙 서쪽 해안 등 태평양 주변이에요.
이곳을 연결해 보면 둥근 고리 모양이라서
'환태평양 지진대' 라고 불러요. 큰 지진은 거의 모두
이 환태평양 지진대에서 일어나고 있어요.
그 다음으로 지진이 많이 일어나는 곳은 알프스 히말
라야 지진대예요. 포르투갈에 있는 아조레스 섬에서
시작하여 중동, 히말라야 산맥, 수마트라, 인도네시아
를 지나 뉴기니에서 환태평양 지진대와 연결되지요.
이들 지진대는 화산 활동 또한 활발한 곳이랍니다.

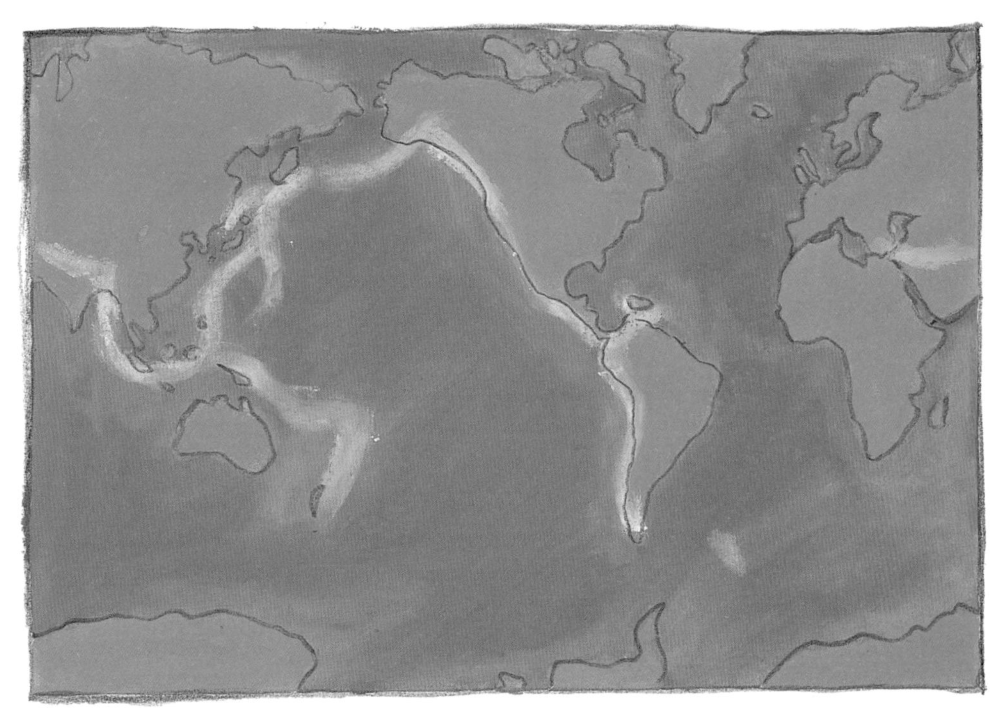

지진대(흰색으로 표시)

조금 더 알기!

우리나라는 지진이 많이 일어나는 곳이 아니에요. 그런데 1978년 10월 7일 오후 6시경 충청남도 홍성에서 큰 지진이 일어났어요. 쾅! 하는 소리와 함께 땅이 흔들렸고, 바닷물도 흔들렸답니다.

56 지진의 세기는 어떻게 나누나요?

지진이 처음 시작된 땅속의 한 곳을 '진원' 이라고 해요. 진원에서 땅의 흔들림이 시작되는데 이 흔들림을 '지진파' 라고 해요. 지진파는 진원의 바로 위쪽 땅으로 가장 세게 전해지고 그 다음 주변으로 점점 퍼져가요. 우리나라는 지진의 크기에 따라 지진의 세기를 12계급으로 나누고 있어요.

1~3계급은 지진이 아주 약하여 실내에서 그다지 느끼지 못하는 정도예요.
4계급은 사람들이 느끼는 정도로 그릇이 흔들려요.
5계급은 창문이 깨지고, 6계급이면 사람들이 똑바로 걷기 힘들며 물건이 떨어져요. 7계급이면 담장이 무너지고, 8계급이면 땅이 금이 가고 일부 건물이 무너지기 시작해요. 9~10계급이면 많은 건물이 무너지고 아스팔트도 갈라져요. 11계급이면 거의 모든 건물은 무너지고 철로마저 휘어 버려요. 12계급이면 땅이 물결처럼 움직이고 물체가 하늘로 튀어 올라요.

57 지진이 일어나면 어떻게 해야 하나요?

지진이 일어나면 가스 불이나 전기 등의
불이 날 수 있는 제품의 전원을 꺼야 해요.
그리고는 떨어지는 물건에 다칠 수 있으니 학교에
있다면 책상 밑에, 집에 있다면 식탁 아래에 들어가
머리가 다치지 않도록 감싸고 있어야 해요.

밖에서는 간판이나 유리창이 떨어져 다칠 수 있으니
머리를 감싸면서 건물 안으로 들어가 있거나,
이들 멀찍이 떨어져 피하는 게 좋아요. 산은 산사태가
일어날 수 있으며, 바닷가는 갑자기 바닷물이 넘쳐
육지로 들어올 수 있으니 가지 말아야 해요.
지진은 보통 1~2분 정도 있다가 멈추므로 놀라
허둥대지 말고 침착하게 행동하는 것이 좋답니다.

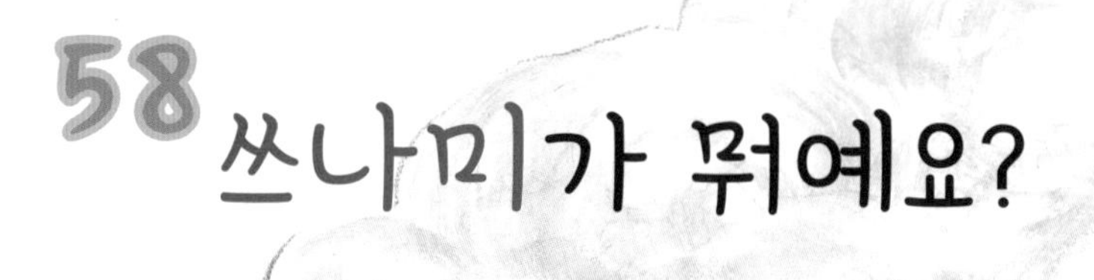

58 쓰나미가 뭐예요?

바다 속에서 지진이 일어나면 아주 엄청난 힘을 가진 파도가 일어요. 이 파도가 바로 쓰나미예요.

쓰나미는 일본말이며, 우리말로는
'지진 해일' 이라고 해요.
일본은 지진이 많이 일어나기
때문에 보통 바다의 폭풍
해일과 구분하기 위해 지진
해일이라는 뜻의 '쓰나미' 라는
말을 쓰기 시작했어요.
그 뒤 전 세계가 이 말을 쓰고
있답니다. 실제로 2004년
12월 26일에 인도, 태국,
말레이시아, 몰디브 등
동남아시아 여러 나라에
강력한 쓰나미가 육지를
덮쳐 수많은 사람들이
목숨을 잃었어요.

아~ 더워!
어? 얼음이 자꾸 녹고 있잖아~

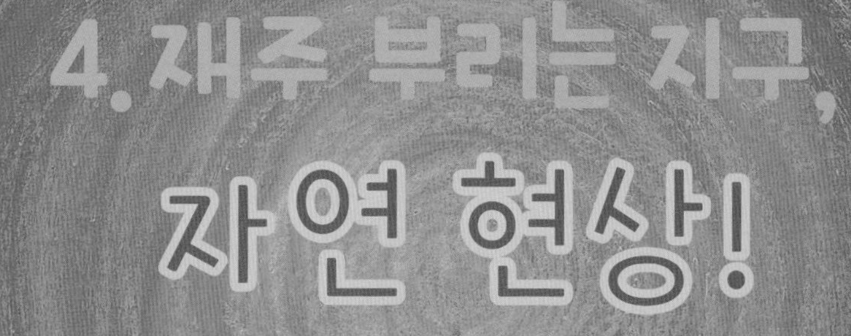

4. 재주 부리는 지구, 자연 현상!

낯과 밤이 생기고 계절이 변하는 지구!
구름, 비, 눈, 천둥 번개와 무지개…….
신비한 지구의 자연 현상을 알아볼까요?

59 낮과 밤은 왜 생겨요?

팽이를 돌려 보았나요?
팽이가 돌 때 가운데
축을 중심으로 뱅그르르
돌아가지요?
지구도 팽이처럼 가운데 축을 중심으로
하루에 한 바퀴씩 스스로 돈답니다.
이를 지구의 자전이라고 해요.
지구가 자전을 하면 낮과 밤이 생긴답니다.
지구가 자전을 하기 때문에 태양이
지구를 비추는 면이 계속 바뀌는 거예요.

지구가 태양을
보는 쪽은 낮이 되고,
그 반대편은 어두운 밤이
되는 것이에요.

조금 더 알기!

지구의 중심축은 약간 기울어져 있어요. 정확히 23.5도 기울어져 있답니다. 지구의 중심축이 기울어져 있지 않으면, 태양이 뜨는 위치와 높이는 시간마다 똑같고, 밤과 낮의 길이도 늘 같아 계절의 변화가 생기지 않는답니다.

60 계절은 왜 변하나요?

지구는 자전을 하면서 태양 주위를
서쪽에서 동쪽으로 1년에 한 바퀴씩 돌아요.
이를 지구의 공전이라고 해요.
다시 말해 지구는 스스로 하루에
한 바퀴씩 도는 자전을 하면서
태양 주위를 1년 동안 한 바퀴씩
도는 공전도 하는 거지요.
지구가 자전도 하면서 공전을
하기 때문에 밤낮의 길이가
달라지고, 태양빛이 지구를
비치는 양이 달라져 계절이
변하는 거예요.

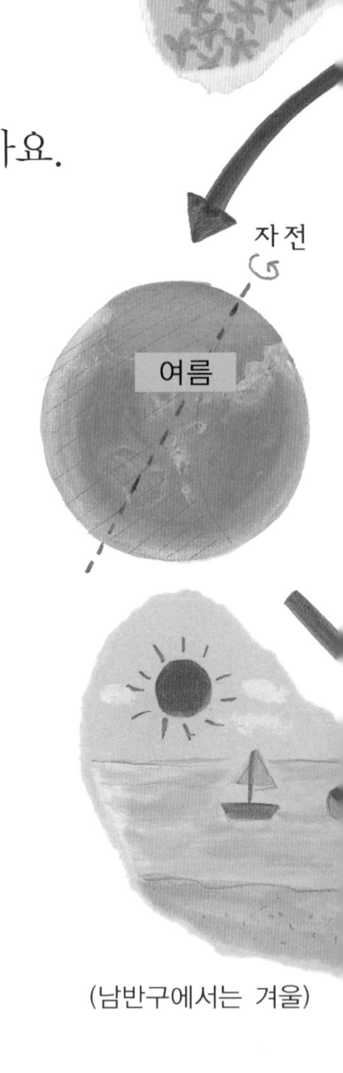

(남반구에서는 겨울)

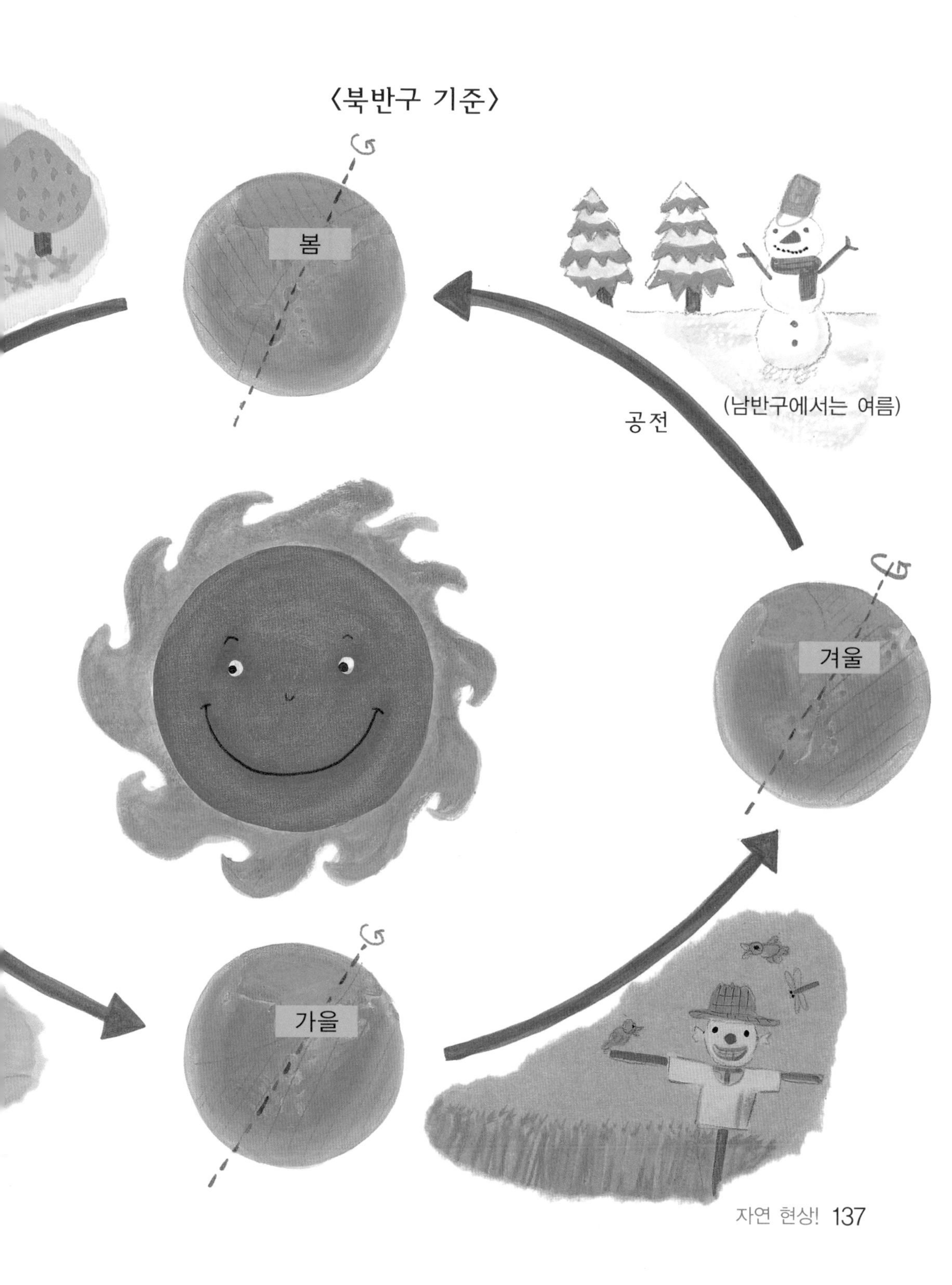
〈북반구 기준〉
봄
공전
(남반구에서는 여름)
겨울
가을

61 공기에서 숨을 쉬는 데 꼭 필요한 것은 무엇인가요?

공기는 지구를 둘러싸고 있어요. 하지만 아주 작은 알갱이라서 우리 눈에는 보이지 않아요. 또한 냄새도 맛도 없어요. 그렇지만 공기가 우리 곁에 가득 있는 것은 분명해요. 공기가 없다면 사람도 동물도, 식물도 숨을 쉴 수 없으니까요.

공기는 질소, 산소, 이산화탄소, 수증기 등이 한데 어우러져 있어요. 그 가운데서 질소가 78퍼센트, 산소가 21퍼센트 들어 있답니다. 우리는 숨을 쉴 때 산소를 들이마시고 이산화탄소를 내뿜어요.

공기 안에 산소가 없다면 우리는 목숨을 잃는답니다.

조금 더 알기!

사람이나 동물은 산소를 들이마시고 이산화탄소를 내뿜지만, 식물은 그 반대예요. 공기에 있는 이산화탄소를 들이마시고 산소를 내뿜는답니다. 그래서 나무가 울창한 숲이나 공원에 가면 산소가 많아 공기가 맑고 상쾌한 거랍니다.

62 바람은 왜 부나요?

무더운 여름, 땀을 말려 주는 시원한 바람. 따뜻한 봄날 불어오는 훈훈한 봄바람, 나뭇잎을 살랑거리는 가을바람 등……. 보이지 않는 바람은 도대체 뭘까요?

따뜻한 공기

바람은 바로 공기예요. 그리고 공기가 움직이는 것이 바람이랍니다. 공기는 따뜻한 공기가 위로 올라가고 위에 있던 차가운 공기가 그 빈 자리로 들어오는 일을 되풀이해요. 이때 주위보다 공기가 많으면 고기압이라고 하고, 적으면 저기압이라고 해요.

공기는 늘 고르게 퍼져 있으려 하기 때문에 공기가 많은 곳에서 적은 곳으로 움직여 부족한 공기를 채워 주는데, 이렇게 공기가 움직이는 것이 바로 바람이랍니다.

차가운 공기

63 구름의 모양은 왜 바뀌나요?

공기에는 눈에 보이지 않는 아주 작은 물방울이 떠 있어요. 물방울들은 땅 위에서 멀리멀리 떨어진 하늘에서 얼음알갱이가 되기도 해요. 이렇게 작은 물방울이나 얼음알갱이가 서로 엉기어 덩어리를 이루어 하늘에 떠 있는 것이 바로 구름이에요. 구름의 모양은 참 여러 가지예요. 새털구름도 있고 양떼구름도 있고, 뭉게구름도 있지요.

이런 모양들은 모두 바람이 만드는 거예요. 바람이 구름을 이루고 있는 작은 물방울들을 흩뜨리기 때문이지요.

새털구름
바람
뭉게구름
양떼구름
얼음알갱이

64 바닷물은 왜 겨울에 얼지 않아요?

바닷물은 짠맛이 나지요?
바닷물에 소금기가 있어서 그렇답니다.
이 소금기 때문에 바닷물은 잘 얼지 않아요.
우리가 마시는 물은 기온이 0도이면 언답니다.
하지만 소금물은 영하 2도서부터 얼기 시작해요.
그런데 바닷물은 가만히 머물러 있지 않고,
아래쪽의 더운 바닷물이 위쪽으로 올라오고

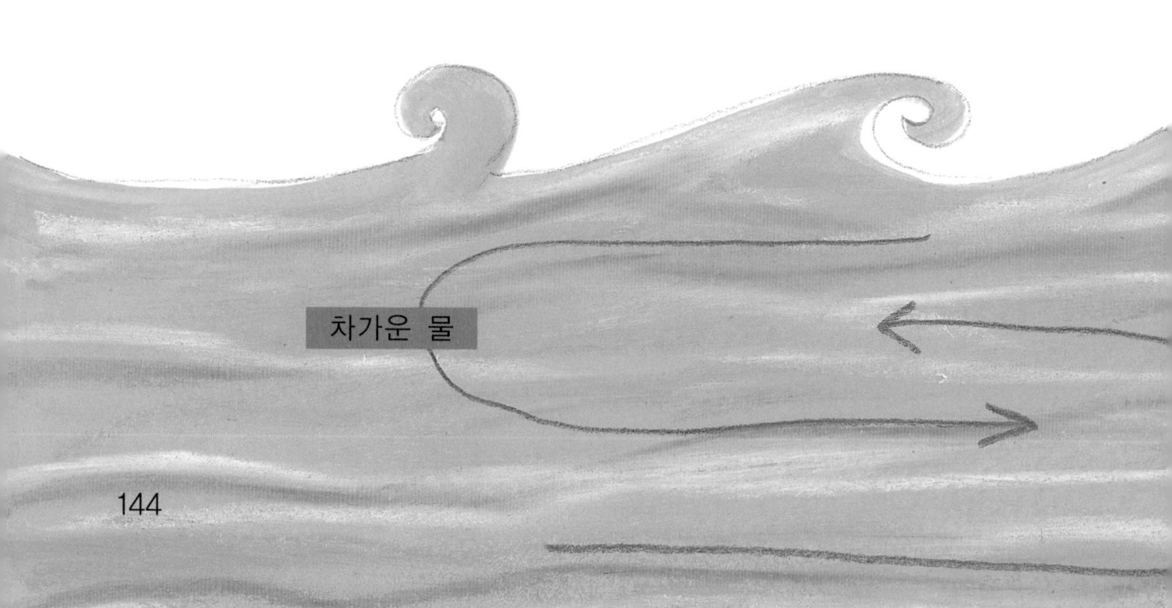

위쪽의 차가운 바닷물이 아래쪽으로 내려오는 일이 계속되기 때문에 영하 2도로 내려가기가 쉽지 않아요. 그래서 바닷물은 겨울에도 얼지 않는답니다.

조금 더 알기!

바닷물이 파랗게 보이는 것은 물이 빛에 들어 있는 여러 가지 빛깔 가운데 파란색을 많이 반사하기 때문이에요. 하지만 파도는 하얗게 보이지요? 빛은 모두 섞이면 흰색으로 보이는데 파도가 칠 때 물방울들이 여러 가지 빛을 흩어지게 하다 보니 빛이 섞이어 하얗게 보이는 거랍니다.

65 지구에서 가장 더운 곳은 어디인가요?

지구에서 가장 더운 곳은 열대 지방이에요.
열대 지방은 태양 빛이 가장 많이 비치는 곳이거든요.
적도에서 남북 위도 23.5도까지가 열대 지방이에요.
아라비아 사막을 포함한 중동이나
사하라 사막이 있는 북아프리카가 세계에서
가장 더운 곳이에요.

이집트의 수도인
카이로 주변의 평균 기온은
보통 40~45도,
이라크의 수도 바그다드는 50도를
넘곤 한답니다.

66 지구에서 가장 추운 곳은 어디인가요?

지구에서 가장 추운 곳은 남극이에요.

북극보다 훨씬 더 추워요. 남극은 두꺼운 얼음이 덮여 있는 곳이라서 태양빛의 대부분을 반사시켜 버려요. 반사는 빛이 들어온 곳으로 다시 내보내는 것을 말해요. 더욱이 겨울에는 강한 바람이 다른 지역에서 들어오는 열을 막아 버려 더욱 춥답니다. 1년 동안 평균 기온은 영하 55도이고, 최고로 따뜻한 달은 영하 30도, 최고로 추운 달은 영하 70도나 돼요. 가장 추웠을 때는 영하 88.3도까지 내려갔을 때예요.

〈지구 아랫부분〉

조금 더 알기!

남극에는 우리나라의 과학 기지인 세종 기지가 있어요. 1988년부터 35명 정도의 연구원들이 이곳에서 남극 지역의 대기, 지층과 암석, 동식물에 대한 조사와 연구를 하고 있어요. 남극은 어느 나라의 땅도 아니에요. 우리나라를 포함하여 미국, 브라질, 중국, 독일 등 12개 나라가 과학 기지를 두고 연구를 하고 있어요.

67 빙하는 왜 생기나요?

북극이나 남극, 그린란드에는 두껍고 단단한 얼음덩어리인 빙하가 있어요. 북극은 바다 위에 빙하가 떠 있고, 남극과 그린란드는 땅 위를 빙하가 덮고 있어요.
빙하는 겨울에 내린 눈이 녹았다 얼었다를 수천 년 동안 되풀이하면서 굳어 단단해진 거예요.

얼음덩어리에 눈이 내려 쌓이고 또 쌓여 얼고 녹았다를 되풀이하면서 점점 커져 커다란 얼음덩어리가 된 것이지요.

조금 더 알기!

빙산이라는 말을 들어 보았나요? 빙산은 빙하가 녹으면서 떨어져 나와 호수나 바다에 흘러다니는 얼음 조각이에요. 조각이라고 해도 커다란 덩어리랍니다. 남극, 북극, 그린란드의 빙하 지역에서 볼 수 있어요.

68 천둥과 번개는 왜 생기나요?

구름을 이루고 있는 작은 물방울들이 서로 마찰을 하면 전기가 생겨요. 특히 여름과 같이 구름이 많이 있을 때는 구름과 구름끼리 부딪쳐 공기 중에 많은 전기가 흐르게 돼요. 구름 주위에 있던 많은 전기는 순간적으로 전기가 없는 곳으로 흐르게 되는데, 이때 천둥과 번개가 생겨요.

번쩍! 하고 빛나는 것이 번개이고, 우르릉 쾅! 하고 소리가 나는 것이 천둥이에요. 천둥은 흐르는 전기의 높은 에너지 때문에 공기가 부풀어 나는 소리예요. 천둥과 번개는 동시에 생기지만 빛이 소리보다 더 빠르기 때문에 번개가 친 뒤에 천둥소리를 들을 수 있는 거랍니다.

우르릉 쾅!
우르릉 쾅!
내가 더 빠르지?

69 무지개는 어떻게 생기나요?

무지개는 흔히 비가 그친 뒤 태양의 반대쪽에 반원을 그리며 떠요. 빨강, 주황, 노랑, 초록, 파랑, 남색, 보라 일곱 색깔을 띠지요. 무지개는 공기 중에 떠 있는 물방울이 햇빛을 받아 나타나는 거예요. 빛은 어떤 물건에 닿으면 곧게 나가지 못하고 꺾여요. 또 닿았던 곳에서 다시 되돌아 나가는 반사를 일으키지요. 무지개는 이러한 빛의 성질에 의해 생기는 거예요.

물방울에 닿은 빛이 꺾이다 보니 반원을 그리고, 꺾인 빛이 다시 반사를 일으켜

되돌아 나오므로 무지개 색깔을
나타내는 것이지요.

무지개를 보면 햇빛이 여러 가지 색깔을 가지고
있다는 것을 알 수 있지요?

70 노을은 왜 생기나요?

노을은 새벽이나 아침, 또는 저녁에 하늘이 햇빛에 벌겋게 물드는 것을 말해요. 아침에 생기는 노을은 동쪽에 생기고, 저녁에 생기는 노을은 서쪽에 생겨요. 아침, 저녁에는 태양이 낮게 떠 있기 때문에 햇빛이 비스듬하게 비쳐요. 햇빛이 비스듬하게 비치면 빛이 대기층을 통과하는 거리가 길어지게 돼요. 그러면 파장(비추는 길이)이 짧은 파란색 빛은 대기층을 지나면서 공기와 부딪쳐 여러 곳으로 흩어져 버려요. 그러면 우리는 파란빛을 볼 수 없게 돼요. 하지만 빨간색 빛은 파장이 길어서 대기층을 통과해도 흩어지지 않아요. 그래서 붉게 물든 하늘을 볼 수 있는 거예요. 바로 노을이지요.

조금 더 알기!

저녁노을이 진 다음 날은 날이 맑답니다. 왜 그럴까요? 저녁노을이 나타나려면 서쪽 하늘에 구름이 적어야 하기 때문이에요. 구름이 적다는 것은 공기 중에 수증기(작은 물방울)가 많지 않다는 것이므로 비가 올 일은 없는 것이지요.

산성비란 무엇일까요?

비는 공기 중에 떠 있는 수증기가 모이고 모여
작은 물방울을 이루어 떨어지는 것이에요.
비가 내릴 때는 먼지와 같이 공기 중에 떠 있는
나쁜 물질들도 함께 씻겨 내려요. 그래서 빗물은
깨끗하지가 않답니다. 특히 산성비는 더욱 나쁘지요.
산성비가 뭐냐고요?
자동차가 달릴 때 나오는 가스와 공장이나

가정에서 석탄과 석유를 태울 때 나오는 연기는
공기 중의 수증기와 만나면 황산이나 질산으로
바뀌어요. 이 물질들은 아주 강한 산성을 띠는데,
비가 내릴 때 함께 씻겨 내린답니다.
그래서 이 비를 산성비라고 불러요.
산성비는 땅을 오염시켜 식물이 자라지 못하게 하고,
물을 오염시켜 물고기를 죽게 하며, 건축물과
문화재를 녹슬게 하고, 사람에게는 피부병을 일으키는
해로운 비예요.

72 황사가 뭐예요?

황사는 봄철에 자주 일어나요. 중국이나 몽골의
사막 지대에서 겨우내 얼었던 흙이 녹으면서
흙먼지와 가는 모래가 바람에 일어나
하늘에 떠 있다가 서서히 떨어지는 것을
황사라고 해요. 황사는 '누런 모래' 라는 뜻이에요.
하늘을 덮고 있던 흙먼지와 가는 모래는 강한 바람에
실려 우리나라를 비롯하여 일본까지 날아간답니다.
요즈음 중국이 산과 숲을 없애고 공장을 많이
지으면서 황사는 더욱 심해지고 있어요. 더욱이
황사에 중국의 공장에서 나오는 나쁜 물질들이 함께
실려와 동물과 식물, 그리고 우리 사람에게 심각한
문제를 안겨 주고 있답니다.

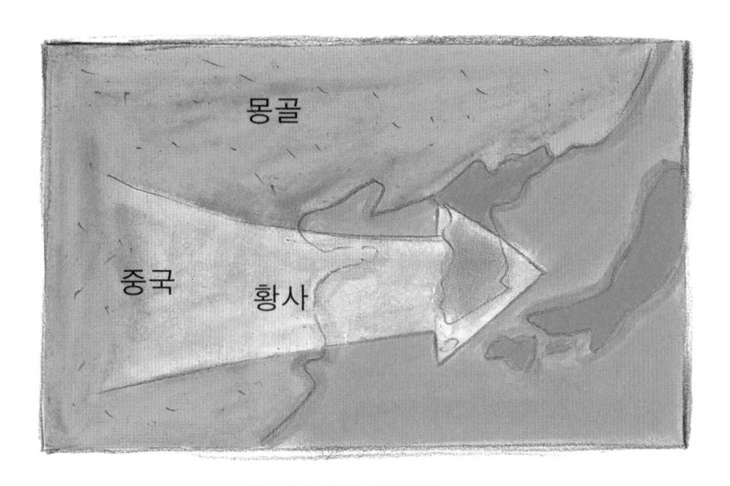

조금 더 알기!

황사를 줄이려면 무엇보다도 모래 바람을 일으키는 사막에 나무와 풀이 있어야 해요. 그래서 한국, 중국, 일본, 몽골 등의 나라들이 황사를 줄이기 위해 노력하고 있어요. 그 한 가지 방법으로 중국 사막 지대에 방풍림을 심고 있어요. 방풍림은 강한 바람을 막아 주는 숲이랍니다.

73 비가 많이 오는데 왜 바닷물은 넘치지 않나요?

해마다 여름이면 비가 많이 오는데 왜 바닷물은 항상 그대로 있을까요? 우리들 몰래 어디론가 사라지고 있는 걸까요? 그렇답니다. 바닷물은 조금씩 사라지고 있답니다. 어디로 사라지냐고요?
바로 공기 중으로 사라진답니다.
햇빛을 받아 바닷물의 맨 위쪽은 끊임없이 수증기로 변하고 있답니다.

특히 날이 더운 여름날에는 더욱더 활발히
수증기로 변해 하늘로 올라가지요.
하늘로 올라간 수증기는 비나 눈이
되어 다시 바다로 흘러들어온답니다.
이러한 일이 계속 되풀이되어 바닷물은
늘지도 줄지도 않고 그대로
있는 거랍니다.

74 백야가 뭐예요?

백야는 '하얀 밤' 이라는 뜻이에요.
밤이 낮처럼 환하다는 뜻이지요.
백야는 남극이나 북극과 가까운 지방에서
한여름에 태양이 지평선 아래로 내려가지 않아
밤에도 해가 지지 않는 현상이에요.
북극에서는 낮의 길이가 가장 긴 하지 무렵,
남극에서는 밤의 길이가 가장 긴 동지 무렵에
일어나는데, 가장 긴 곳은 6개월 동안 계속된답니다.
러시아와 스웨덴, 노르웨이, 덴마크, 핀란드 등의
북유럽 나라에서는 백야가 일어날 때 축제를 하기도
한답니다.

zzZ
엄마, 밤인데
너무 환해서
잠을 못 자겠어요.

75 남극은 겨울만 있나요?

이 세상에서 가장 추운 곳이 남극이라고 했지요?
그럼 남극은 겨울만 있는 건가요?
그렇지 않답니다. 남극도 봄, 여름, 가을, 겨울이 있답니다. 우리나라와 반대쪽에 있기 때문에 사계절은 우리와 반대이지요.
봄은 9월, 여름은 11월 중순, 가을은 3월 중순, 겨울은 4월 하순부터 시작된답니다.
사계절이 있다 해도 우리와 같은 날씨는 상상도 하지 마세요. 겨울에는 낮에도 해가 뜨지 않으며, 여름에도 눈코입이 시린 영하의 날씨이니까요.

추운 남극에도 동물이 살고 있을까요? 그럼요, 바다표범, 펭귄, 갈매기, 바다제비, 고래, 크릴새우 등 여러 종류의 동물이 살고 있답니다.

76 오존층이 뭐예요?

지구를 둘러싸고 있는 공기를 대기라고 했지요?
이 대기가 있는 곳을 대기권이라고 하는데, 대기권은
두꺼운 층을 이루고 있어요. 땅에서 10킬로미터에
이르는 곳부터 대류권, 성층권, 중간권, 열권으로
나눈답니다. 이 가운데 성층권에 오존층이 있어요.
오존층은 태양에서 나오는 자외선을 흡수하는 일을
하고 있어요. 만약 오존층에 있는 오존이 자외선을
흡수하지 않으면, 지구의 생물은 많은 양의 자외선을
직접 쪼이게 된답니다.
자외선은 동물의 피부를 태우고, 피부암을 일으키며,
눈의 각막을 손상시키는 등 생명체에 해로운 빛이에
요. 이러한 자외선을 오존층이 적당히 흡수하기

때문에 우리는 자외선으로부터
안전한 거랍니다.

조금 더 알기!

냉장고, 에어컨, 헤어스프레이 등에서 나오는 프레온 가스가 오존층을 파괴하고 있어요. 실제로 지금 남극 쪽의 하늘은 오존층에 구멍이 나 뚫려 있답니다.

77 온난화가 뭐예요?

지구는 옛날보다 더워졌어요. 매일 조금씩 온도가 높아지고 있기 때문이에요. 왜 그럴까요? 숲은 줄고, 공기 중에 석유와 석탄 등의 연료에서 나오는 이산화탄소의 양이 많아졌기 때문이에요. 또 냉장고, 에어컨 등에 들어가는 프레온 가스가 공기 중에 많기 때문이에요. 거기다 공기 중에 떠 있는 수증기의 양도 예전보다 많아졌고요.

이산화탄소, 프레온 가스, 공기 중에 있는 수증기 등은 지구에 차 있는 열을 빠져나가지 못하도록 붙잡는 성질이 있어요.

그래서 지구의 온도가 점점 높아지고 있답니다.

이것을 '지구 온난화'라고 해요.

조금 더 알기!

지구 온난화는 기후를 변화시켜요. 그리하여 세계 곳곳에서 폭설이 내리거나 가뭄과 홍수가 나타나는 등 기상 이변이 일어나고 있어요. 우리나라도 점점 봄이 짧고 여름은 무척 덥고 겨울은 그다지 춥지 않은 아열대 기후로 변하고 있어요.

78 엘니뇨와 라니냐가 기상 이변을 일으킨다고요?

'엘니뇨' 는 태평양 지역의 바닷물 온도가 평년보다
0.5도 이상 높아진 것이 6개월 넘게 계속되는 것을
말해요. '라니냐' 는 엘니뇨와 반대로 바닷물의 온도가
0.5도 이상 낮아진 것이 5개월이 넘게 계속되는 것을
말해요.
엘니뇨 현상이 일어나면, 어획량이 줄고,
중남미 지역에 폭우나 홍수가 일어나며,
호주 부근은 가뭄이 심해져요. 라니냐 현상이
일어나면 인도네시아, 필리핀 등의 동남아시아는
장마가 오고, 남아메리카는 가뭄이 들며,
북아메리카에는 강추위가 오는 등 기상 이변이
일어난답니다.

조금 더 알기!

엘니뇨는 에스파냐 말로 '남자 아이', '아기 예수'라는 뜻이에요. 엘니뇨 현상이 크리스마스 즈음에 나타나서 이렇게 붙였다고 해요. 라니냐는 에스파냐 말로 '여자 아이'라는 뜻이에요.

초판 1쇄 발행 2024년 12월 10일

발행인 최명산 **글** 해바라기 기획 **그림** 김은경
디자인 토피 디자인실
펴낸곳 토피(등록 제2-3228) **주소** 경기도 고양시 덕양구 향동로 201, 지엘 메트로시티 1116호
전화 (02)326-1752 **팩스** (02)332-4672

ISBN 979-11-89187-32-3

이 도서의 국립중앙도서관 출판시도서목록(CIP)은 서지정보유통지원시스템(http://seoji.nl.go.kr)과
국가자료공동목록시스템(http://www.nl.go.kr/kolisnet)에서 이용하실 수 있습니다. (CIP제어번호 : CIP2015001030)